# El latín en Europa

Pablo Toribio y Cristina Tur

 CSIC

CATARATA

Colección ¿Qué sabemos de?

Catálogo de Publicaciones de la Administración General del Estado:
https://cpage.mpr.gob.es

Imagen de cubierta: A. F. de Wit, *Nova orbis tabula* (ca. 1722),
Instituto Geográfico Nacional, 12-D-45 (detalle)

© Pablo Toribio y Cristina Tur, 2025
© CSIC, 2025
   http://editorial.csic.es
   editorialcsic@csic.es
© Los Libros de la Catarata, 2025
   Zurbano, 76
   28010 Madrid
   Tel. 91 532 20 77
   www.catarata.org

ISBN (CSIC): 978-84-00-11563-0
ISBN ELECTRÓNICO (CSIC): 978-84-00-11564-7
ISBN (CATARATA): 978-84-1067-495-5
ISBN ELECTRÓNICO (CATARATA): 978-84-1067-494-3
NIPO: 155-25-220-X
NIPO ELECTRÓNICO: 155-25-221-5
DEPÓSITO LEGAL: M-25.628-2025
THEMA: PDZ/2ADL/CF

# Índice

# Introducción

La relación del latín con Europa es profunda y duradera. Como resultado de una trayectoria de más de dos mil años, el latín ha llegado a ser una lengua al mismo tiempo familiar y extraña para una gran cantidad de europeos. Es una lengua familiar para quienes, desde Cádiz hasta Tallin, desde Dubrovnik hasta Cork se encuentran cotidianamente con inscripciones en latín en iglesias y en lugares públicos, con lemas en latín en los escudos de sus ciudades y universidades, y con nombres que quieren sonar a latín en comercios, compañías aseguradoras y botellas de vino. Para quienes hablamos lenguas romances, la familiaridad del latín se extiende a la forma de sus palabras, que a menudo adivinamos emparentadas con las nuestras. Pero al mismo tiempo, para todas estas personas, hablantes o no de lenguas romances, el latín es una lengua extraña, porque de entre ellas se encontrará porcentualmente a muy pocas que puedan desentrañar el significado de un texto escrito en ese idioma, y también, porque incluso las pocas que sí pueden han tenido que aprender latín con el mismo esfuerzo con el que se aprende una lengua extranjera, o incluso más, puesto que no existe una comunidad de hablantes nativos.

Antes de esbozar cómo abordaremos en este libro la presencia del latín en Europa, apuntaremos algunas consideraciones sobre los límites espaciales y temporales de nuestro tema.

## Límites geográficos

En la Antigüedad, el latín llegó a extenderse, de la mano del Imperio romano, por buena parte de Europa, por el norte de África y, en una medida considerablemente menor, por Oriente Próximo. Sin embargo, en la Edad Media el latín quedó circunscrito a Europa y más en concreto a los territorios de Europa cuyos gobernantes suscribían o acabaron por suscribir la religión de la Iglesia de Roma. Este territorio comenzó siendo una porción de la mitad occidental del Imperio romano tal y como había quedado configurado en el siglo IV; a lo largo de la Edad Media, esta área fue extendiéndose hacia el norte, hasta llegar a Escandinavia y los actuales países bálticos, hacia el sur hasta restablecerse en territorios que antes de las conquistas árabes habían formado parte del Imperio romano (como Sicilia y la totalidad de la península ibérica), y hacia el este hasta llegar a lo que hoy es aproximadamente Polonia, Eslovaquia y Hungría. A ese espacio europeo de fronteras movedizas y cambiantes con el tiempo nos referiremos en este libro como "Europa latina".

La complejidad cultural alcanzada por el concepto de *Europa* a lo largo de la historia nos obliga a incidir aquí sobre su carácter difuso. En los textos latinos medievales, la propia palabra *Europa* no es demasiado frecuente y cuando aparece, salvo en las excepciones que consideraremos en su momento, tiene el sentido geográfico heredado de la Antigüedad: es decir, un continente con aproximadamente los mismos límites al oeste, norte y sur que en la actualidad, pero no en el este, donde los geógrafos antiguos habían establecido el límite en el río Don, que desemboca en el mar de Azov. Este límite geográfico se mantuvo a lo largo de toda la Edad Moderna. Ahora bien, dado que el Don nace a más de 200 kilómetros al sur de Moscú (los antiguos griegos y romanos desconocían dónde nacía este río), todo el territorio situado al norte quedaba en la indefinición geográfica entre Europa y Asia.

Tradicionalmente se ha considerado que el discurso de Europa, es decir, aquel que habla del continente europeo en clave cultural y política, comenzó con plenitud en el siglo XVIII; recientemente, la profesora Isabella Walser-Bürgler ha mostrado que podemos situar el comienzo de ese discurso en el Renacimiento y en textos escritos en latín. La caída de Bizancio o Constantinopla (1453), capital del Imperio bizantino, y el avance del Imperio otomano desempeñaron un papel catalizador en el inicio de este discurso, con textos tempranos tan significativos como el tratado *De Europa* (1458) de Enea Silvio Piccolomini (1405-1464), papa Pío II desde ese mismo año, o *De Europae dissidiis et bello Turcico* ("sobre las desavenencias de Europa y la guerra del turco", 1526), del humanista Juan Luis Vives (1493-1540). Se vuelve común presentar a Europa como un conjunto de naciones cristianas que deberían superar sus desacuerdos y unirse en contra del enemigo común. Con el tiempo se abre camino, también en textos en latín producidos en la Europa latina, la idea de un equilibrio de poder entre los Estados europeos. Muy excepcionalmente, como en el caso del *Icon animorum* ("espejo de ánimos", 1614) del poeta franco-escocés John Barclay (1582-1621), esta idea de Europa como conjunto de países concordes incluye a Turquía y Rusia, por lo general considerados periferia bárbara, así como a los judíos, presentes en todo el territorio europeo. Los desarrollos del discurso de Europa posteriores a la Edad Moderna quedan muy lejos de nuestros objetivos, aunque podemos señalar que la persistente diversidad cultural del continente queda reconocida en la actualidad en el lema de la Unión Europea, "unida en la diversidad".

El modelo cultural de la Europa latina se expandió a través de sus proyecciones coloniales en América y Asia, y con él el uso del latín en contextos semejantes a los que se usaba en las metrópolis. Las universidades creadas en la América española desde el siglo XVI y más tarde por los colonizadores protestantes en América del Norte propiciaron allí el uso académico de la lengua latina en las mismas o muy parecidas condiciones que en el continente europeo. Por su parte, la Iglesia católica, y muy en especial las misiones de la Compañía de Jesús, contribuyeron decisivamente a exportar el uso activo del latín tanto en Latinoamérica como en Asia, en particular en China. De estos usos del latín fuera de Europa, para los que existe una importante bibliografía y se abren todavía amplios horizontes de investigación, no nos ocuparemos en este libro más que en ocasiones puntuales.

## Límites cronológicos

Aunque los primeros testimonios del latín se documentan en torno al siglo VI a. C., los primeros textos literarios que conservamos datan del siglo III a. C. En las décadas en torno al cambio de era se llevó a cabo la fijación del latín como lengua literaria. A partir de ese momento, la distancia que separaba el latín escrito del latín hablado (al que solo tenemos un acceso indiciario y que a menudo se designa como latín "vulgar") fue agrandándose, hasta desembocar, después de la disolución del Imperio romano occidental, en las distintas lenguas romances. Pero la producción escrita en latín no se interrumpió; de hecho, a la vista de lo conservado, dicha producción se multiplicó exponencialmente: para el profesor Jürgen Leonhardt, lo escrito en latín desde el comienzo de la Edad Media supera en diez mil veces lo conservado de la Antigüedad. Con todo, dicha estimación es en el mejor de los casos aproximada y probablemente muy conservadora, dada la ausencia de censos completos.

A partir del siglo XIV, con el movimiento humanístico surgido en Italia, el uso del latín se somete a normas que buscan acercarlo lo más posible al latín de la Antigüedad clásica. Es un proceso que se desarrolla aproximadamente entre los siglos XIV y XVI, pero que no cambia en lo sustancial la estructura de la lengua latina. Entre los especialistas se ha impuesto la denominación técnica de neolatín para designar el latín usado desde esa época hasta la actualidad. Ahora bien, la adopción de este tecnicismo no se debe a una transformación de la lengua latina en otra distinta, sino más bien al cambio de mentalidad y a las distintas implicaciones culturales que adquiere el propio latín en ese periodo. Dado que no designa una lengua diferente, en este libro hemos prescindido de dicha denominación técnica para evitar los malentendidos que podría provocar el prefijo *neo-*. En efecto, cuando se habla de lenguas, este prefijo suele emplearse para designar lenguas derivadas pero diferentes, como ocurre, por ejemplo, en la denominación de neogriego para referirse al griego moderno, distinto del griego clásico. Además, precisamente en este último sentido se habla a menudo de lenguas neolatinas en la literatura especializada para referirse a las lenguas romances, lo que agrava aún más la confusión.

La enorme productividad que muestra el latín a lo largo de la Edad Moderna va disminuyendo a lo largo del siglo XVIII. En el siglo XIX su uso deja de estar institucionalizado en la enseñanza universitaria, uno de los dos grandes bastiones del latín desde la Edad Media junto con la Iglesia católica, de modo que la producción latina a partir de entonces, en comparación con la producción en lenguas vernáculas, queda reducida a la anécdota estadística.

## Este libro

Nuestro principal cometido es trazar una panorámica general de la producción en latín en la historia de Europa y mostrar con ella la relevancia de la lengua latina, muy en particular en sus manifestaciones escritas, para la historia cultural e intelectual europea. Probablemente, lo más relevante del prolongado uso del latín en Europa sea el establecimiento de un espacio común para la discusión intelectual en muy amplias regiones del continente, que propició el desarrollo, al menos parcialmente, de una identidad compartida. Al mismo tiempo, el recorrido por la historia del latín nos permitirá entrever aspectos de la historia social europea que en ocasiones se han adherido como connotaciones problemáticas a la imagen que hoy se tiene de dicha lengua.

Los capítulos 1, 2 y 3 ofrecen un recorrido histórico por la producción latina de la Antigüedad, la Edad Media y la Edad Moderna. Tratándose de una historia de más de dos mil años, nuestra exposición necesariamente presentará omisiones que el especialista no tardará en notar; pese a todo, hemos tratado de ofrecer un esquema lo más representativo posible de las principales líneas de desarrollo y de los contextos más amplios en que se usó la lengua latina. Con este recorrido esperamos mostrar la categoría de patrimonio cultural europeo que ha alcanzado el inmenso volumen de textos en latín producido a lo largo de los siglos. El capítulo 4 se hace eco de una serie de valores simbólicos adquiridos por el latín en el imaginario colectivo contemporáneo como consecuencia de esa larga historia y explora los amplios horizontes de investigación que se abren ante el patrimonio textual latino, que pasan en primer lugar por la difícil tarea de cuantificarlo y de hacerlo accesible.

Nuestra exposición presenta notables diferencias de planteamiento y enfoque respecto a los libros de Tore Janson, Nicholas Ostler, Wilfried Stroh y Jürgen Leonhardt, con cuyas temáticas en buena medida se solapa. Dada la extensión del tema y los múltiples aspectos desde los que se ha estudiado, la bibliografía final, necesariamente muy selectiva, resultará quizás insuficiente para el lector especializado, pero sobradamente representativa, creemos, para quien se acerque por primera vez al tema. En ella hemos recogido todos los trabajos de autores modernos que mencionamos en el texto, junto con otras monografías y libros colectivos que no citamos de forma expresa pero que permiten ahondar en muchos de los temas tratados. No incluimos en ella traducciones de las obras históricas que citamos en el texto, pues son fácilmente localizables y su inclusión haría crecer el listado más allá de lo razonable.

Por último, nos gustaría añadir unas breves aclaraciones sobre algunas convenciones en el texto. Se consignan entre paréntesis las fechas de nacimiento y muerte tras el nombre de los autores y personajes históricos la primera vez que se mencionan. Se añade la abreviatura "ca." (*circa*, 'en torno a') cuando una fecha es incierta; por lo general solo consignamos la fecha de muerte ("m.") cuando no hay seguridad sobre la de nacimiento. Damos todas las citas en nuestra propia traducción castellana; solo ocasionalmente incluimos también las palabras de la lengua original entre paréntesis. Utilizamos corchetes para completar texto que en el original está omitido y también para incluir aclaraciones dentro de citas. Todas las citas latinas están regularizadas de acuerdo con convenciones comúnmente admitidas. Ha de tenerse en cuenta que la ortografía del latín es muy variable en todas sus épocas, al igual que era variable su pronunciación, que no siempre se corresponde con la española, ni en los sonidos ni en los acentos.

# CAPÍTULO 1

# La doble historia del latín

El latín es una lengua indoeuropea cuyos primeros testimonios se datan en torno al siglo VI a. C. en la región italiana del Lacio (*Latium*), a la que debe su nombre y donde se encuentra la ciudad de Roma. Como todas las lenguas vivas, el latín conoció distintas variedades de uso (registros hablados y escritos, relajados y formales, nobles y populares), así como distintas variedades locales, que se fueron multiplicando a medida que el Imperio romano llevaba su lengua a los distintos territorios de los que se apoderaba. Sobre todas estas variedades fue operando con el paso de los siglos el inevitable cambio lingüístico, hasta que el latín, una vez disuelto el poder imperial de Roma en el siglo V de nuestra era, fue paulatinamente desembocando en las distintas lenguas romances que conocemos hoy (castellano, catalán, portugués, francés, italiano, rumano...), cada una de ellas con sus complejas historias y en permanente cambio.

Al mismo tiempo, el latín es una lengua literaria enormemente unitaria, cuyo estándar quedó fijado a mediados del siglo I a. C., como resultado del empeño de la élite culta de Roma por poner su lengua a la altura de la prestigiosa lengua griega. La lengua literaria resultante, a la que por defecto llamamos latín sin más, permaneció en uso, sin cambios sustanciales, durante largos siglos, y funcionó como la lengua de cultura común y preferente en buena parte de Europa durante más de mil años, hasta ir cayendo progresivamente en desuso a partir de la Edad Moderna, pero nunca del todo y sin dejar nunca de ejercer una fuerte influencia sobre las lenguas y literaturas vernáculas.

En este capítulo ofrecemos un muy breve resumen del estado del conocimiento sobre la historia de la lengua latina en la Antigüedad y recorremos de forma igualmente sucinta los principales hitos de su literatura. Debe tenerse presente que, de todas las etapas de la historia del latín, la Antigüedad es con mucho la más estudiada y la más influyente para la producción posterior, aunque es también aquella de la que menor cantidad de textos se conserva.

## Orígenes de la lengua latina

El latín es una lengua de origen indoeuropeo que presenta una unidad evolutiva hasta las lenguas romances. El indoeuropeo, a su vez, es una protolengua, es decir, una lengua reconstruida por comparación entre otras lenguas que manifiestan rasgos de parentesco entre sí. Aunque los matices que ofrecen las distintas teorías al respecto son numerosos, los hablantes de esta lengua hipotética posiblemente habitaron hace unos ocho mil años entre el mar Negro y el mar Caspio, desde donde se fueron expandiendo hacia el este y el oeste, llevando con ellos su cultura y su idioma. La gran mayoría de lenguas que se hablan desde Europa hasta la India (con muy pocas excepciones, como el finés, el húngaro y el euskera) proceden del indoeuropeo.

Dentro de la gran familia indoeuropea se han identificado distintas subfamilias (indoirania, anatolia, germánica, griega, itálica, céltica, eslava, báltica, etc.). El latín proviene de la llamada familia itálica, a la cual pertenecían también el osco y el umbro, y que presenta lazos de parentesco cercano con la familia celta. La Italia de los siglos VII-III a. C. ofrecía una realidad lingüística compleja, con la presencia de otras lenguas indoeuropeas no itálicas, con fuerte presencia de lenguas celtas en el norte y griego en el sur, y con la influyente cultura de los etruscos en el territorio aproximado de la actual

Toscana. Suele considerarse que de los etruscos, hablantes de una lengua no indoeuropea y muy relacionados con la cultura griega, tomaron los romanos, entre otras muchas cosas, la versión del alfabeto griego que se convertiría en el abecedario latino y que está en uso hasta el día de hoy.

La fortuna del latín fue consecuencia de la fortuna de Roma, la ciudad del Lacio a orillas del Tíber fundada según la tradición en el año 753 a. C. por los hermanos Rómulo y Remo, amamantados en su infancia por una loba. Su desarrollo político transcurrió bajo fuerte influencia etrusca hasta finales del siglo VI a. C., cuando la tradición sitúa la expulsión del rey etrusco Tarquinio el Soberbio y el comienzo de la República romana en el 509 a. C. De este siglo datan los más antiguos documentos de la lengua latina: el *Lapis niger* o 'piedra negra' hallada en el Foro en 1899, en la que entre otras palabras puede leerse *recei* (correspondiente a la forma clásica *regi*, 'para el rey'), y el vaso de Duenos, llamado así porque en la inscripción grabada en él se leen las palabras *duenos med feced* (correspondiente al latín clásico *bonus me fecit*, 'un bueno me hizo'). En relación con la organización de la nueva República surge a mediados del siglo V a. C. la llamada *Ley de las doce tablas*, el texto legal romano más antiguo, aunque su expresión lingüística fue probablemente sometida a una considerable revisión posterior. De fecha muy antigua, aunque indeterminada, es el *Carmen arvale*, un canto ritual de los sacerdotes llamados hermanos arvales, que contiene una invocación a los lares y a Marte (*Marmar* en el texto).

## Expansión territorial de Roma e inicios de la literatura latina

Sin duda el dios Marte les fue propicio a los romanos. A lo largo del siglo IV a. C. Roma se impuso militarmente a sus vecinos latinos y samnitas y, no contenta con ello, comenzó una implacable política de expansión territorial. En el 275 a. C. Roma se impuso a Pirro, rey del Epiro griego (en la región de los Balcanes), que había llegado a Italia como aliado de la ciudad griega de Tarento, extendiendo, como consecuencia, su dominio en el sur de la península itálica.

Es en esa época, a mediados del siglo III a. C., cuando comienza la literatura latina conocida con la obra de Livio Andronico, conservada de forma muy fragmentaria. Autor de origen griego que probablemente no hablaba latín como lengua materna, compuso piezas dramáticas y una traducción latina de la *Odisea* homérica. La *Odusia* de Andronico estaba escrita en saturnios, un oscuro tipo de verso, típico de los elogios funerarios, que los poetas posteriores terminaron por abandonar.

La obra de Andronico pertenece a los tiempos de la primera guerra púnica (264-241 a. C.), librada entre Roma y la gran potencia marítima de Cartago, antigua colonia fenicia (y, por tanto, de lengua semítica) en la actual Túnez. La larga guerra se saldó con la victoria de Roma y la anexión de Sicilia. Un veterano de esa guerra, el poeta Nevio (activo entre 235-204 a. C.), le dedicó un poema en versos saturnios, el *Bellum Punicum* ("La guerra púnica").

Tras vencer en la segunda guerra púnica (220-202 a. C.), que enfrentó a los romanos con el general cartaginés Aníbal, Roma se apoderó del levante y el sur de la península ibérica. En esta larga contienda, romanos y cartagineses se disputaron la hegemonía sobre el Mediterráneo occidental: si Cartago hubiese resultado vencedora, la historia lingüística de Europa habría sido muy diferente y quizás hoy se hablasen lenguas semíticas en buena parte de los territorios donde se han desarrollado las lenguas romances. Pero Cartago fue derrotada y su lengua, aunque se mantuvo en uso durante siglos, no llegó a exceder los límites africanos. Irónicamente, se encuentran algunos versos en púnico en la comedia latina titulada *Poenulus* ("El pequeño cartaginés"), compuesta por Tito Maccio Plauto (ca. 254-184 a. C.), autor procedente de la región italiana de Umbría, no muchos años después del final de la guerra.

Las comedias de Plauto son la primera gran obra artística de la literatura latina, desde el punto de vista de su estado de conservación y de su enorme influencia literaria posterior. Al mismo tiempo atestiguan la fuerte helenización que la literatura latina había alcanzado en este momento, pues son adaptaciones que hizo Plauto de comedias griegas escritas un siglo antes o más. Un caso más extremo de helenización puede observarse en los primeros historiógrafos romanos, Fabio Píctor y Cincio Alimento, que durante la guerra con Aníbal habían escrito sus obras directamente en griego, para difundir así una imagen favorable de Roma en la "opinión pública" mediterránea, mediante el uso de la lengua más prestigiosa entre sus habitantes.

La aristocracia romana reaccionó inicialmente contra la helenización cultural, alimentada en buena medida por la llegada a Roma de esclavos griegos a los que los romanos tendían a confiar la educación de sus hijos. Es emblemática la oposición de Catón el Censor (234-149 a. C). Además de ser un célebre orador, Catón escribió en prosa latina su historia de Roma (*Origines*) y el tratado técnico *De agri cultura* ("Sobre el cultivo del campo") que tiene implicaciones moralizantes, pues oponía el trabajo del campo a la supuesta decadencia de las costumbres.

Catón es sobre todo famoso por terminar sus discursos en el senado repitiendo que había que destruir la ciudad de Cartago, una frase que ha llegado hasta nuestros días como *Carthago delenda est* ('Cartago debe ser destruida'). La República romana actuó finalmente de acuerdo con la opinión de Catón y arrasó la vieja ciudad rival en el 146 a. C. Para entonces, un antiguo esclavo africano, quizás originario de la propia Cartago, el poeta conocido como Publio Terencio Áfer ('el africano', m. 159 a. C.), había escrito el conjunto de sus comedias latinas, inspiradas, como las de Plauto, en comedias griegas anteriores. Muchos siglos después, las comedias de Terencio todavía seguían utilizándose como modelos de buen latín conversacional.

El mismo año de la destrucción de Cartago se destruyó también la ciudad griega de Corinto y el reino de Macedonia fue convertido en provincia romana. A lo largo de todo el siglo II a. C. Roma fue imponiéndose militarmente en los reinos helenísticos y ciudades-estado de Grecia y Asia menor, un proceso acompañado por una fuerte explotación económica que provocó violentas resistencias. En el año 133 a. C. el rey Átalo III de Pérgamo (en la actual Turquía) legó a Roma su reino, que pasó a convertirse en la provincia de Asia. Ese mismo año, en el otro extremo del área mediterránea, el general destructor de Cartago, Publio Cornelio Escipión Emiliano, rindió por hambre la ciudad celtibérica de Numancia, en la actual Soria, cuyos habitantes prefirieron el suicidio a la esclavitud.

En aquel momento hacía ya tiempo que Roma contaba con su primera epopeya nacional, los *Anales*. Estaba compuesta en lengua latina pero con verso griego, el hexámetro, destinado a sustituir para siempre al viejo saturnio. Su autor fue Ennio (239-169 a. C.), originario de Mesapia (en la zona de la actual Lecce, en el sur de Italia), a quien se atribuía haber dicho que tenía tres corazones, porque hablaba tres lenguas, osco (o tal vez, o también, mesapio), griego y latín.

## Graecia capta

En palabras (en hexámetros) del poeta clásico Quinto Horacio Flaco (65-8 a. C.), "la cautiva Grecia cautivó a su fiero vencedor e introdujo las artes en el agreste Lacio" (*Graecia capta ferum victorem cepit et artes / intulit agresti Latio*). Como se ha dicho, la influencia helénica se había dejado notar en Roma desde mucho antes del sometimiento político y militar de Grecia. Además de en la sociedad y en la cultura, la emulación romana de lo griego es visible en su literatura: todos los géneros de la literatura latina se basan en los correspondientes helénicos, con la excepción de la sátira, cultivada por primera vez por Lucilio (m. 103 a. C.). Sin embargo, para el nuevo género Lucilio también escogió el hexámetro, el noble verso importado de la literatura griega.

Conviene dar aquí unos escuetos apuntes generales sobre la métrica latina. La poesía latina antigua se basaba, como la griega, en la alternancia de sílabas largas y sílabas breves, de acuerdo con unos patrones determinados por cada esquema métrico. Esto era posible porque en la lengua de los antiguos romanos y griegos la cantidad vocálica tenía una función fonológica, es decir, servía para distinguir palabras. Por ejemplo, el hexámetro, en líneas generales, se basaba en repetir seis veces un patrón compuesto de una sílaba larga y dos breves, o bien de dos sílabas largas. La comedia también estaba escrita en verso, típicamente en el llamado senario yámbico, imitado también del griego y basado igualmente en la repetición de un determinado patrón de sílabas breves y largas, con una complicada casuística.

A lo largo del turbulento siglo I a. C., en el que se solaparon y sucedieron numerosas guerras con enemigos exteriores en los tres continentes, así como guerras entre los aliados itálicos, guerras sociales y guerras civiles, fueron produciéndose los grandes clásicos de la literatura latina en estrecho diálogo con sus modelos griegos. Por lo que se refiere a los géneros poéticos, para finales del siglo los romanos contaban con su gran poema nacional, la *Eneida* de Publio Virgilio Marón (70-19 a. C.), que sustituyó a los envejecidos *Anales* de Ennio y que para sus contemporáneos, como escribió el poeta Sexto Propercio (m. 16 a. C.), era "más grande que la *Ilíada*" de Homero. Además de con la *Eneida*, Roma contaba también con un gran poema sobre mitología (griega), las *Metamorfosis* de Publio Ovidio Nasón (43-17 a. C), y con grandes poemas didácticos: las *Geórgicas*, en las que el mismo Virgilio emulaba a Hesíodo (siglo VIII a. C.), y el *De rerum natura* ("Sobre la naturaleza de las cosas"), en el que Lucrecio (ca. 99-55 a. C.) explicaba la filosofía de Epicuro (siglos IV-III a. C.). Todas estas obras están compuestas en hexámetros.

No solo se produjeron correlatos latinos para los solemnes poemas épicos y didácticos, sino también para la poesía lírica y la elegíaca, en cuyos metros se alternan el amor y el vituperio, entre otros temas, de la mano de poetas como Gayo Valerio Catulo (ca. 87-54 a. C.), Albio Tibulo (ca. 50-18 a. C.) y los mencionados Propercio, Ovidio y Horacio, además de Sulpicia, autora de unos breves poemas de amor, una solitaria voz femenina en el panorama de la literatura latina antigua.

Todos ellos se inspiraban tanto en los antiguos líricos griegos arcaicos (empezando por la célebre poeta Safo, siglos VII-VI a. C.) como en los helenísticos alejandrinos (Calímaco, siglos IV-III a. C.). Los tipos de versos propios de esta poesía también estaban tomados de sus modelos griegos: numerosos esquemas métricos para la lírica y, para la elegía, el llamado dístico elegíaco. Esta última es una forma métrica que tuvo una larga posteridad en la poesía latina de todos los tiempos y consta de dos versos, un hexámetro seguido de un pentámetro, un verso que, en términos muy laxos, es una variante del hexámetro, en la que el patrón de sílabas largas y breves se repite cinco veces en lugar de seis.

Por lo que se refiere a los prosistas, además de Cicerón y César, que mencionaremos en el siguiente apartado, es menester destacar a los historiadores Gayo Salustio Crispo (ca. 87-35 a. C.) y Tito Livio (m. 17 d. C.), autor de una voluminosa historia de Roma desde su fundación de la que solo se ha conservado una parte proporcionalmente pequeña.

De forma paralela a estos desarrollos literarios, hacia mediados del siglo I a. C. la élite culta de Roma desarrolló una trascendente reflexión sobre su lengua, a la que nos referiremos en seguida. Para entonces hacía tiempo que el acervo léxico del latín, que en ocasiones revela el carácter agrícola de los antiguos latinos (por ejemplo, el verbo para pensar, *putare*, significa originalmente 'podar'), se había ido enriqueciendo, como es habitual que ocurra en todas las lenguas, con préstamos de las demás lenguas de su entorno y en particular del griego. Circulaban préstamos del griego muy frecuentes tanto en el ámbito cotidiano y popular (*crapula*, 'borrachera'; *gubernare*, 'pilotar'; *machina*, 'máquina'; *oleum*, 'aceite'; *poena*, 'castigo', etc.), como en el ámbito de la cultura (*architectus, bibliotheca, historia, philosophia, poema, poeta, scaena, schola, theatrum*, etc.). El desarrollo de los géneros literarios tomados de los griegos y en particular la importación de su discurso filosófico no hizo sino aumentar la helenización lingüística, a menudo mediante calcos. Este es un procedimiento de ampliación léxica en el que se traducen a la lengua de llegada las distintas partes que componen un término dado en la lengua de origen: por ejemplo, en griego existe la palabra *metaphorá* ('transposición', 'metáfora'), que se vertió al latín como *translatio*, cambiando el prefijo *meta* por su equivalente latino *trans* ('al otro lado') y *phorá* por *latio* ('acción de llevar'). De este mismo modo se acuñaron otras palabras, como *providentia*, calcado de *prónoia*, o *qualitas*, de *poiótes*. Una gran parte de estas palabras han llegado de este modo al vocabulario filosófico de las lenguas europeas.

## Fijación del latín clásico

Puede considerarse, de acuerdo con el lingüista Antoine Meillet, que el latín presenta una forma estandarizada ya en el siglo III a. C., si lo que se considera es su estructura lingüística y, en particular, su flexión nominal y verbal. Sin embargo, por lo que respecta a la fijación de un estándar literario, es decir, una forma de lengua considerada apropiada para ponerse por escrito, puede identificarse un hito bastante claro hacia mediados del siglo I a. C.

En esta época se dibuja una cesura entre lo que *a posteriori* ha pasado a conocerse como latín arcaico y latín clásico, términos ambos empleados por los filólogos modernos, no por los propios romanos. Este cambio se debió a un proceso de normalización lingüística que puede atribuirse a la reflexión consciente y a la práctica literaria de la élite intelectual romana. La motivación más probable de este proceso, que es paralelo al de la composición de las obras literarias mencionadas en el apartado anterior, se encuentra en la aspiración de los intelectuales romanos por dotar su lengua de un prestigio cultural semejante al del griego, en un momento en el que Roma se había convertido en la indiscutible superpotencia del Mediterráneo.

El interés lingüístico de la élite se refleja en obras como *De lingua latina* de Marco Terencio Varrón (116-27 a. C.), de la que solo se conservan algunos fragmentos, o el tratado perdido *De analogia* del militar y político Gayo Julio César (100-44 a. C.). César escribió además unos *Commentarii* sobre la guerra (o invasión) de las Galias y sobre su guerra civil con Gneo Pompeyo (106-48 a. C.). Estos *Comentarios* se tienen por modelos de prosa clásica junto con la voluminosa obra del orador Marco Tulio Cicerón (106-43 a. C.), seguramente la figura más prestigiosa de la historia del latín. A Cicerón se debe el esfuerzo de acuñar términos patrimoniales latinos para traducir los conceptos de la filosofía griega mencionados en el apartado anterior. Cuando se habla de latín clásico se entiende por antonomasia el latín de César y Cicerón.

El proceso de normalización por el cual surge este latín clásico que se distingue del anterior latín arcaico se caracteriza por la introducción de una serie de regularizaciones, particularmente en el nivel morfosintáctico de la lengua. Puede comprobarse que los autores que escribieron en la primera mitad del siglo I a. C., como los poetas arriba citados Catulo y Lucrecio o el historiador Salustio, abundan todavía en arcaísmos, es decir, ciertos rasgos específicos en las formas de las palabras, la presencia de algunas terminaciones o de determinados diptongos, ciertas pautas de empleo de determinadas formas verbales y nominales, etc., características que están ausentes en los textos de quienes escriben desde la segunda mitad del siglo en adelante. El latín clásico de estos últimos es el que se sobreentiende cuando hoy en día se habla de latín sin más.

Es importante señalar que este latín clásico o "correcto", esta latinidad (*latinitas*), como la llaman los escritores antiguos, incluía no solo el latín escrito sino, idealmente, el latín hablado. Se trataba de establecer las normas del "buen latín" o del latín elegante, el único digno de ponerse por escrito. A este respecto cabe recordar que el adjetivo *clásico* tiene que ver con *clase* y viene a significar 'de primera clase'. En efecto, el núcleo del latín clásico probablemente refleja en buena medida la manera de hablar de la élite culta de la ciudad de Roma en las últimas décadas antes de nuestra era y las primeras décadas del siglo I d. C. Esta época coincide con un periodo crucial y turbulento de la historia de Roma: el final de la República y el establecimiento de una forma de gobierno unipersonal por parte del hijo adoptivo de Julio César, César

Octaviano, nacido Octavio (63 a. C.-14 d. C.), llamado Augusto desde el 27 a. C.

Ahora bien, por lo que conocemos sobre la historia y la naturaleza de las lenguas, es impensable que este particular registro culto se mantuviera idéntico en el habla latina a lo largo de las generaciones y los miles de kilómetros que abarcó la dominación romana. Cabe afirmar que, en cierto sentido, la forma de hablar y de escribir, en los registros cuidados y cultos, de un reducido grupo de aristócratas e intelectuales notables de la ciudad de Roma en las décadas que rodean el cambio de era, quedó petrificada como única forma viable para el latín escrito en los siglos por venir.

Sin embargo, la homogeneidad en términos estrictamente lingüísticos no impidió una gran variedad en términos estilísticos. Es habitual señalar el estilo barroco y conceptista de los autores de la llamada edad de plata de la literatura latina. Entre ellos destacan nombres muy conocidos como el del filósofo cordobés Lucio Anneo Séneca (m. 65), el de su sobrino el poeta Marco Anneo Lucano (39-65), autor de un poema épico sobre la guerra civil, la *Farsalia*, junto con los poetas Publio Papinio Estacio (m. 96), Marco Valerio Marcial (ca. 40-104) y Décimo Junio Juvenal (m. después de 128), además de Cornelio Tácito (ca. 55-120), para muchos el más grande historiador en lengua latina. En esta época escribieron también obras de honda repercusión en los siglos venideros Gayo Plinio Segundo "el Viejo" (23-79), autor de una enorme *Historia natural* que durante muchos siglos fue una de las principales fuentes para acercarse al estudio de la naturaleza, así como Marco Fabio Quintiliano (m. después del 95), profesor de retórica, autor de una influyente *Institución oratoria*. El filósofo y novelista Apuleyo (m. después del 170), de una prosa artística muy variada y personal, es el último gran escritor en latín antes de la crisis del siglo III.

Todos estos escritores, incluidos los procedentes de fuera de Italia, como los hispanos Séneca, Lucano, Quintiliano y Marcial o el africano Apuleyo, desarrollaron sus carreras principalmente en Roma. A la vista de lo conservado, parece que la producción literaria en latín permaneció estrechamente vinculada a la capital del Imperio, a diferencia de la producción literaria en griego, que se desarrollaba en múltiples centros urbanos y seguía siendo la lengua de cultura más generalizada del mundo mediterráneo, incluso en la propia Roma. Autores como Apuleyo escribieron obras en ambas lenguas, y el emperador Marco Aurelio (121-180) escribió en griego sus estoicas *Meditaciones*.

## El latín escrito en la Antigüedad tardía

La situación cambia en el siglo III, una época caracterizada por la multiplicación de las guerras de frontera y una severa anarquía militar, además de numerosos problemas sucesorios en el gobierno del Imperio y graves problemas económicos. De esa época apenas existen testimonios de literatura latina producida en Roma (no así de literatura griega, pues en plena crisis, por ejemplo, el filósofo Plotino escribía allí sus *Enéadas*). Sin embargo, es en esa misma época, en África, cuando comienza la literatura cristiana en latín, con las obras de Septimio Florente Tertuliano (m. ca. 222), de Cartago, y de Cipriano, obispo de la misma ciudad que murió martirizado en 258 durante la persecución del emperador Valeriano. Hacia la misma época, en el otro extremo del Imperio, floreció la escuela de derecho romano de Beirut, en el actual Líbano, una isla de latinidad en Oriente, por cuanto podemos juzgar.

Es conveniente incluir aquí algunos apuntes sobre el latín de los cristianos, que a partir del siglo III sustituye al griego como lengua común de los adeptos de esta religión en la mitad occidental del Imperio. Este latín puede considerarse una lengua de especialidad, pues abunda en tecnicismos importados, habitualmente préstamos del griego, como *baptizo* ('bautizar') o *ecclesia* ('iglesia'), además de en usos técnicos de palabras latinas preexistentes, como *fides* en el sentido de 'fe' en vez de 'confianza', u *oratio* como 'oración' en vez de 'discurso'.

Los lingüistas han tenido muy presente algunos testimonios tempranos del latín cristiano, como los restos de las primeras traducciones latinas de la Biblia (*Vetus Latina*), a la hora de estudiar el latín hablado (sobre el que volveremos en el apartado siguiente), pues se les presupone a sus autores una escasa formación literaria que propiciaría que en su traducción se reflejasen aspectos del latín que realmente hablaban. Pero es preciso señalar que la literatura latina cristiana de Tertuliano en adelante adopta igualmente la norma lingüística clásica.

Cuestión distinta es el estilo literario: entre los autores cristianos resulta común, aunque ni mucho menos general, renegar del estilo retórico de la literatura clásica en favor de uno considerado más humilde y aparentemente sin pretensiones literarias. Debido a esto, estudiosos como Leonhardt identifican un doble estándar (estilístico) del latín a partir de la irrupción del cristianismo en la literatura. Un ejemplo de ese tipo de latín podría ser el *Itinerarium Aegeriae* ("Peregrinación de Egeria"), el relato que hace una dama cristiana de su viaje a Tierra Santa probablemente a finales del siglo IV.

Ese siglo había comenzado con la honda reforma política del emperador Diocleciano, que incluía la división del Imperio en dos mitades. Mientras el griego siguió siendo absolutamente predominante en la mitad oriental, en la mitad occidental la literatura latina conservada procede de múltiples centros urbanos y cobra dimensiones muy notables. De hecho, de acuerdo con Leonhardt, el 80% del volumen textual latino que conservamos de la Antigüedad procede aproximadamente de los siglos IV-V.

Es probable que el sistema escolar fuera también objeto de las reformas de Diocleciano. Basándose en los manuscritos conservados, puede sospecharse que en esta época se creó un canon literario destinado a unificar la enseñanza del latín clásico, cuyo núcleo lo formaban Virgilio y Cicerón, y en el que estaban también autores como Horacio, Salustio y Livio, además de Plauto y Terencio, quienes, pese a no ser autores clásicos sino arcaicos, presumiblemente se tomaban como modelos de latín conversacional elegante.

La tercera gran etapa de la literatura latina antigua se desarrolla bajo signo predominantemente cristiano. En efecto, la religión cristiana se vio agresivamente favorecida por el emperador Constantino (m. 337) y fue posteriormente elevada al estatus de única religión oficial. Sin embargo, aún cabe destacar a dos autores paganos, ambos hablantes nativos de griego: el poeta Claudiano (m. ca. 404), de Alejandría, que escribió en latín los últimos años de su vida que pasó en Roma, y el historiador Amiano Marcelino (ca. 330-400), de Antioquía, autor de una monumental *Historia* en latín con la que se proponía continuar la de Tácito hasta su propio tiempo.

El resto de los principales autores del periodo son cristianos. Lo era el poeta Décimo Magno Ausonio (ca. 310-395), de Burdeos, aunque su poesía no es de tipo religioso. Sí es religiosa la poesía de su compatriota Paulino, obispo de Nola (353-431), y la del hispano Aurelio Prudencio (ca. 348-410). Los demás escritores son ante todo teólogos. Además de muchos otros, como Hilario, obispo de Poitiers (355-367), o Aurelio Ambrosio, obispo de Milán (m. 397), son especialmente relevantes para la posteridad Jerónimo y Agustín.

A Eusebio Jerónimo de Estridón (ca. 350-420), ciudad de ubicación imprecisa en la provincia de Dalmacia, se le conoce ante todo por su traducción de la Biblia hebrea al latín, que llevó a cabo en la ciudad palestina de Belén. Aunque no fue la primera versión latina de la Biblia, la edición Vulgata o "Divulgada", cuyo núcleo se debe a Jerónimo, estaba destinada a modelar la liturgia y el lenguaje bíblico en la Europa occidental de los siglos venideros. Por su parte, Aurelio Agustín (354-430), obispo de la ciudad africana de Hipona, era originario de la cercana Tagaste, en la actual Argelia. De su copiosa producción cabe destacar el relato autobiográfico de sus *Confesiones* y los veintidós libros de *La ciudad de Dios*. Esta última, escrita en un exigente latín ciceroniano de interminables periodos, fue concebida en un principio como una respuesta, o más bien un furibundo ataque, contra quienes afirmaban que el saqueo de Roma (410) por parte del rey visigodo Alarico era un castigo de los dioses por la adopción del cristianismo.

En el 476 terminó formalmente el Imperio romano de Occidente cuando Odoacro destituyó al emperador niño Rómulo Augústulo (el Imperio de Oriente, o bizantino, duraría casi mil años más). Sin embargo, la historia del latín como lengua de cultura en Europa no había hecho para entonces más que empezar.

Antes de seguir recorriendo esa historia en el próximo capítulo, es preciso que volvamos nuestra atención a la otra historia del latín, su historia como lengua viva, que sí estaba llegando entonces a su última fase.

## Romanización y expansión del latín hablado

En el siglo I de nuestra, el profesor de retórica Quintiliano señaló que la lengua correcta es aquella en la que no se aprecia ningún rasgo "rústico ni extranjero" (*neque rusticitas neque peregrinitas*). En el apartado siguiente abordaremos lo referente al latín rústico; en este nos referiremos a las principales lenguas extranjeras que convivieron con el latín en aquellos territorios donde este último terminó por imponerse como lengua hegemónica.

La convivencia con estas lenguas necesariamente dejó huellas en el propio latín, que con toda probabilidad se percibían, mucho más que en la lengua escrita, en las distintas variantes habladas de la lengua latina que se fueron adoptando en cada territorio.

La realidad del Imperio romano en su conjunto fue siempre plurilingüe. Los romanos no imponían por la fuerza el uso de su lengua en los territorios que conquistaban, aunque en Occidente, donde no existía una lengua de prestigio tan generalizada como el griego en Oriente, las poblaciones sometidas y muy en especial las clases dirigentes, encontraban muchos incentivos para adoptar la lengua de los conquistadores, que era por lo demás la única lengua de la administración. Esto condujo en última instancia a la desaparición de la gran mayoría de las lenguas que existían antes de la llegada romana. Es difícil describir y datar con precisión estos procesos dada su naturaleza eminentemente oral y la relativa insuficiencia de los materiales epigráficos en que la mayor parte de estas lenguas se documenta: existen aún muchas preguntas por explorar para las disciplinas de la epigrafía y la lingüística comparativa.

En Italia, el latín arrinconó progresivamente a las demás lenguas que allí se hablaban. Además del griego, muy difundido en el sur y en Sicilia, podemos considerar como las más relevantes el celta, hablado en la Galia Cisalpina (Galia 'a este lado de los Alpes', es decir, el norte de Italia); el etrusco, la lengua no indoeuropea hablada en la zona aproximada de la actual Toscana, y el osco, muy extendido en la mitad sur de la península y al mismo tiempo la lengua indoeuropea itálica mejor documentada después del latín. Al comenzar la era cristiana, la documentación de cualquier lengua distinta del latín en Italia resulta anecdótica.

En el norte de África, entre otras lenguas, se habló durante toda la existencia del Imperio romano la lengua púnica, de la familia de las lenguas semíticas. Como hemos mencionado, autores latinos muy reconocidos como Terencio y Apuleyo eran probablemente hablantes nativos de púnico. Esta lengua se documenta en numerosas inscripciones de la época imperial y seguía muy viva en tiempos de Agustín, que estaba familiarizado con ella. Igualmente se documenta a lo largo de todo el norte de África el idioma libio, que utilizaba un sistema de escritura actualmente empleado para las lenguas bereberes, aunque no es posible determinar si la lengua que se codificaba con esos signos en la Antigüedad es o no un ascendiente del bereber.

Cuando los romanos llegaron a la península ibérica en el año 218 a. C. al comienzo de la segunda guerra púnica, se hablaban allí numerosas lenguas, tanto indoeuropeas como no indoeuropeas. Las principales eran el celtibérico, el ibérico, el lusitano y el turdetano, además de aquella de la que pudiera proceder el vasco, que constituye el único vestigio prerromano en el actual mapa lingüístico hispánico. Además, las costas levantinas y meridionales habían estado en contacto desde antiguo con las lenguas de los comerciantes fenicios y griegos. En estas últimas regiones la romanización avanzó más deprisa que en el interior y en el norte. El historiador Tácito documenta la pervivencia de una lengua local en la región de la actual Soria en el año 25 de nuestra era: un campesino asaltó y mató al pretor romano Lucio Pisón; cuando lo apresaron y lo torturaron para que delatase a sus cómplices, el campesino les aseguró que no lo haría mediante gritos "en su lengua patria", y poco después logró suicidarse. La lengua de este rebelde era posiblemente una variedad del celtibérico.

El celtibérico (sin relación lingüística con el ibérico) forma parte del grupo indoeuropeo del celta continental, junto con el celta que se hablaba en la mencionada Galia Cisalpina (norte de Italia) y junto con los dialectos que se hablaban en la Galia que conquistó Julio César en sus campañas de mediados del siglo I a. C. (aproximadamente la actual Francia, Bélgica y las tierras alemanas de la orilla izquierda del Rin). Los hablantes de estas lenguas adoptaron progresivamente el latín. No fue así en el caso de los hablantes del llamado celta insular que se hablaba en Gran Bretaña e Irlanda: esta última nunca estuvo bajo poder romano, y la primera nunca lo estuvo del todo. Han llegado hasta la actualidad variantes evolucionadas de este grupo, como el gaélico hablado en Irlanda o el bretón de la Bretaña francesa, que se remonta a una emigración procedente de Gran Bretaña en la época de las invasiones germánicas (siglos V-VI).

Los contactos del latín con las lenguas germánicas comenzaron con las campañas romanas al este del Rin y al norte del Danubio en torno al cambio de era y aumentaron en las zonas de frontera durante la Antigüedad tardía, durante la cual se intensificaron tanto los conflictos bélicos como los pactos con distintos pueblos germánicos. En todo caso, la mayor parte de Germania nunca formó parte del Imperio romano. Sí fue temporalmente parte del Imperio el territorio de la Dacia, que aproximadamente coincide con la actual Rumanía, desde principios del siglo II hasta finales del siglo III. Es incierto cuál era la lengua o lenguas que hablaban sus habitantes, aunque quizás formaba parte del grupo tracio, un grupo indoeuropeo muy mal conocido. La lengua local fue sustituida con relativa rapidez por el latín, que constituye la base del actual rumano (que no en vano toma su nombre de "Roma"). Igualmente se desconoce la lengua que se hablaba en el área que se convirtió en la provincia romana de Ilírico, que se extendía por las tierras que hoy son los países de habla eslava del área adriática (Eslovenia, Croacia, Bosnia y Herzegovina, Serbia, Montenegro, Kosovo y Macedonia del Norte), junto con Albania.

Un vistazo al mapa lingüístico de la Europa actual sirve para confirmar que la expansión del latín fue persistente: en la mayor parte de lo que fue el Imperio romano de Occidente, así como en Rumanía, se hablan exclusiva o mayoritariamente lenguas derivadas del latín. Ahora bien, esta continuidad no solo ha sido fruto de la antigua romanización, sino también del azar y del devenir histórico. Por ejemplo, por muy asentado que estuviera el latín en Hispania, hoy se hablaría probablemente árabe en la mayor parte de su territorio si la historia política medieval hubiese sido diferente, como de hecho se habla árabe y bereber en las antiguas provincias africanas en las que el latín había florecido a lo largo de la Antigüedad.

En cualquier caso, las lenguas mencionadas dejaron sin duda sus huellas en el latín hablado de las regiones donde estuvieron en contacto. Este hecho fue probablemente una de las causas de la evolución divergente del latín hablado en las distintas regiones del Imperio.

## Evolución y disolución del latín hablado

En uno de sus comentarios a la Biblia, Jerónimo anotó que "la latinidad cambia cada día según la región y la época". Esto, que era cierto a finales del siglo IV, había sido así desde los comienzos mismos de la lengua latina. Como toda lengua viva, el latín conoció variedades diacrónicas (es decir, dependientes del paso del tiempo), así como diatópicas (dependientes de las regiones) y diastráticas (asociadas a la clase social).

Ya en las comedias de Plauto se intuye la existencia de distintos registros adaptados a distintas situaciones comunicativas. El crecimiento de Roma acentuó la diferencia entre una manera "urbana" de hablar latín y otra "rústica", con la consecuente estigmatización de la segunda: recordemos que para Quintiliano la lengua correcta no debía incluir ningún rasgo "rústico ni extranjero".

Las indeseables variantes "rústicas" incluían las hablas provincianas. Según la *Historia Augusta*, cuando el futuro emperador Adriano leyó en el año 101 un discurso ante el senado de Roma, los senadores se rieron de su pronunciación "demasiado agreste" (*agrestius pronuntians*) quizás en relación con su origen bético, pues con toda probabilidad Adriano había nacido en Itálica (actual Santiponce, junto a Sevilla). Con independencia de la veracidad de la anécdota, pone de manifiesto la negativa percepción sociológica que suscitaban las hablas no urbanas, es decir, de fuera de Roma. Quintiliano recuerda que al historiador Tito Livio, según algunos de sus contemporáneos, se le notaba una cierta (e indeseable) *Patavinitas*, es decir, una forma de hablar propia de su Padua natal.

De que existieron variantes regionales del latín en el Imperio romano no cabe ninguna duda. Sin embargo, resulta muy difícil caracterizarlas, pues quedan casi absolutamente invisibilizadas en el registro escrito, fijado, como hemos dicho, desde mediados del siglo I a. C. Las producciones literarias de la Antigüedad tardía, muy homogéneas lingüísticamente, sugieren la existencia de una enseñanza escolar del latín muy cohesionada a lo largo del Imperio, de modo que resulta probable que ni siquiera en la ortografía original de los textos (a la que por lo general no tenemos acceso, pues solemos contar con manuscritos muy posteriores) se hubiesen deslizado incorrecciones que permitieran adivinar divergencias regionales de pronunciación. Las divergencias de este tipo que sí se encuentran en las inscripciones en piedra y otros documentos procedentes directamente de la Antigüedad, como los papiros o los famosos grafitos de Pompeya, están abiertas a múltiples interpretaciones, que en todo caso refuerzan la idea de que la norma clásica difería notablemente del latín hablado.

Además de en el nivel fonético, las divergencias debían de existir también en los demás niveles de la lengua (el léxico, el morfosintáctico y el semántico): por ejemplo, en las palabras que se usan, el uso de preposiciones y conjunciones para estructurarlas, o el significado que se les da a las construcciones. De estas notables diferencias entre el latín hablado y el escrito dan idea los pocos textos literarios latinos donde se intenta reproducir el latín oral, como el episodio de la cena de Trimalción en la novela conocida como el *Satiricón* de Petronio (finales del siglo I), así como el testimonio de los gramáticos cuando señalan pronunciaciones o formas deficientes.

A diferencia de la época anterior, el aspecto lingüístico de los textos latinos del siglo VI sugiere un notable deterioro de la enseñanza escolar: la norma clásica no siempre logra imponerse a todas las características dialectales de los autores y pueden observarse, por ejemplo, peculiaridades del latín de los francos en la escritura del obispo Gregorio de Tours (538-594). Un concilio celebrado en la propia ciudad de Tours más de dos siglos después (813) prescribió que las homilías se pronunciasen en *rustica romana lingua* para que el pueblo las entendiera: esto indica una situación de diglosia, en el sentido de que la lengua comúnmente hablada en la zona era distinta del latín que se usaba en el registro escrito. Bajo la denominación de *romana lingua* se encuentra atestiguada una lengua románica en los Juramentos de Estrasburgo (842), una declaración conjunta de Carlos el Calvo y Luis el Germánico, los nietos de Carlomagno, en contra de su hermano Lotario.

Así que pueden considerarse los siglos VI-IX como el largo periodo de disolución del latín como lengua hablada, durante el cual esa lengua llegó a ser tan diferente del latín escrito como para percibirse como algo distinto. También en Hispania puede rastrearse una evolución similar: en el concilio visigótico de Toledo del año 688, el rey Égica se refiere a un *communis sermo* o 'habla común' que al parecer difería notablemente de la lengua escrita.

Entre los siglos IX y XII empiezan a hallarse testimonios escritos de la mayoría de lenguas románicas conocidas en la actualidad: estas lenguas prueban que el latín hablado no solo había dejado de ser muy diferente del clásico, sino también muy diferente según la región en que se hablaba.

La evolución divergente del latín hablado según la región se debe, como escribe Francisco Villar, a que los amplios territorios donde se usaba constituían "un área lingüística muy dialectalizada" debido a la inevitable variación social, pero también a las distintas condiciones lingüísticas de partida (el latín hablado que se importó en cada región probablemente fue distinto según la época), así como a la influencia de las lenguas preexistentes en cada lugar, que hemos considerado en el apartado anterior, y el influjo de lenguas llegadas con posterioridad, como la lengua germánica de los francos, que influyó notablemente en el francés, o el eslavo en el rumano.

Villar clasifica las lenguas romances conocidas en los siguientes grupos: italiano, sardo, provenzal, francés, español, catalán, retorromano, dálmata (extinto), rumano y gallego-portugués. Cada uno comprende numerosas lenguas y variedades. La compleja historia de cada grupo, en permanente reconsideración y estudio por parte de los especialistas, muestra una realidad dinámica llena de matices, relaciones y separaciones, en la que operan constantemente decisiones políticas para el establecimiento de estándares de prestigio.

Esta historia lingüística, así como la historia literaria de cada una de estas lenguas, queda muy lejos de los objetivos de este libro. Sin embargo, cabe añadir que, a la hora de configurar sus registros o estándares cultos, todas ellas, y con ellas gran parte de las demás lenguas no romances que se hablaban en Europa, tuvieron el latín como modelo para fijar cuestiones de gramática, sintaxis y vocabulario. En efecto, lejos de olvidarse, durante la Edad Media el latín era la omnipresente lengua de cultura en una enorme porción de Europa, incluso en amplios territorios donde nunca habían llegado las legiones de Roma.

# CAPÍTULO 2

# El latín en la Europa medieval

Al final de la Antigüedad, la élite letrada había llegado a coincidir casi por completo con la élite eclesiástica, que ocupaba ya muchos puestos clave de la administración. La situación no cambió sustancialmente bajo los nuevos gobernantes cristianos de procedencia germánica, de modo que el latín siguió siendo la lengua de cultura en los territorios herederos del Imperio romano de Occidente.

En cambio, la geografía del área cultural latina sí sufrió una importante modificación con respecto a sus coordenadas antiguas, para terminar identificándose a grandes rasgos con la Europa occidental. Por una parte, tras las conquistas árabes de los siglos VII-VIII, el norte de África dejó definitivamente de pertenecer al área cultural latina, mientras que la situación lingüística y literaria en la antigua Hispania, dividida entre al-Andalus y los reinos cristianos del norte, se volvió más compleja. Por otra parte, la difusión del cristianismo en la versión de la Iglesia de Roma favoreció la expansión de la latinidad en áreas que apenas o nunca habían formado parte del Imperio romano, como Irlanda, Gran Bretaña, Escandinavia y territorios que hoy pertenecen a Alemania, Polonia, Chequia, Eslovaquia o Hungría.

Así pues, la expansión de la latinidad durante los largos siglos convencionalmente designados como medievales (siglos VI-XIV) tiene mucho que ver con el mantenimiento del latín como la lengua de la estructura eclesiástica occidental. El enorme peso de la Iglesia en el sistema de enseñanza y de producción de conocimiento quedó corroborado por la alianza que establecieron con ella los gobernantes cristianos, con el emperador franco Carlomagno (747-814) como ejemplo paradigmático.

El latín continuó como lengua de la administración en muchos lugares hasta finales de la Edad Media y en algunos casos más allá. Del mismo modo, el latín se mantuvo como lengua preferente en esa área para la transmisión de contenidos intelectuales a lo largo de todo el periodo, de modo que se convirtió también en la lengua oficial de las universidades, que comenzaron a crearse a partir del siglo XII. La Europa latina adquirió así un pronunciado perfil de comunidad intelectual unitaria, en la que también se compartían en latín los conocimientos importados desde otros ámbitos culturales.

Además, en este periodo y en los mismos ámbitos eclesiásticos y educativos se cultivó con profusión la literatura en latín con fines artísticos, aunque fue especialmente en este terreno donde las distintas vernáculas europeas fueron haciéndose cada vez más presentes: no en vano se sitúa en la época medieval el nacimiento de casi todas las distintas literaturas nacionales de Europa.

## La herencia latina en los nuevos reinos

En los tiempos que siguieron a la caída del Imperio romano de Occidente, algunos miembros de la clase senatorial, ya entonces completamente cristiana, se esforzaron por preservar los conocimientos de la Antigüedad grecolatina. Es paradigmático el caso del senador Magno Aurelio Casiodoro (ca. 490-583). Después de trabajar para el rey ostrogodo Teodorico y sus sucesores en el gobierno de Italia, Casiodoro se retiró a sus tierras del sur, donde fundó el monasterio de Vivarium, dedicado a la educación de los monjes y a la copia de manuscritos. A este autor se debe un influyente compendio de los saberes humanos y divinos (cristianos) heredados de Roma, las *Institutiones divinarum et humanarum litterarum*. Semejante fue el empeño de su coetáneo Manlio Severino Boecio (m. ca. 524), quien tradujo al latín la mayor parte del *Organon* de Aristóteles (siglo IV a. C.), esencial para la filosofía posterior. Boecio fue ejecutado bajo la acusación de conspirar contra la monarquía ostrogoda. Mientras esperaba su ejecución compuso *De consolatione philosophiae* ("Consolación de la filosofía"), obra con hondas raíces en la tradición platónica. También fue encarcelado, en este caso por los nuevos reyes vándalos del norte de África, el poeta Blosio Emilio Draconcio, en el paso del siglo V al VI. Los poemas de Draconcio se cuentan, junto con las piezas reunidas en la llamada *Antología latina*, entre las últimas obras literarias que se escribieron en latín en la antigua África romana, que fue dominada por los bizantinos después de los vándalos, y finalmente por los árabes.

Los esfuerzos por salvaguardar los conocimientos de la Antigüedad en la Europa occidental se plasmaron en la enciclopedia titulada *Origines* o *Etymologiae*, en veinte libros, del obispo Isidoro de Sevilla (ca. 559-636). Autor además de numerosas obras de tipo gramatical, histórico y teológico, Isidoro es el mayor exponente del florecimiento cultural que, en contraste con otras regiones de Europa, caracterizó el nuevo reino de los visigodos en la antigua Hispania, con capital en Toledo. Entre sus obras se incluye la *Historia de regibus Gothorum, Wandalorum et Sueborum*. Esta historia sobre los reyes de los pueblos germánicos que se disputaron Hispania sitúa en primer plano a los godos, quienes finalmente se impusieron, y va precedida por una *Laus Spanie* ("Alabanza de Hispania") en la que Isidoro muestra su optimismo acerca de la prosperidad del país bajo la monarquía visigótica.

Este tipo de elogios también se encuentran en la poesía de Venancio Fortunato (m. ca. 600), obispo de Poitiers, que contiene múltiples alabanzas a los reyes francos, cuya historia (*Historia Francorum*) fue escrita por el obispo Gregorio de

Tours, a quien mencionamos en el capítulo anterior. Casi dos siglos después de la redacción de estas obras, el italiano Pablo el Diácono (m. 799) compuso su historia de los lombardos (*Historia Langobardorum*). El protagonismo que alcanzaron los nuevos gobernantes germánicos en la historiografía latina medieval no solo se aprecia en el continente: en las islas británicas, el monje Beda el Venerable (ca. 672-735) compuso la *Historia ecclesiastica gentis Anglorum* sobre las instituciones eclesiásticas de los anglosajones, el pueblo germánico que se había asentado en buena parte de Gran Bretaña desde finales del siglo V.

Precisamente los monasterios británicos e irlandeses desempeñaron un destacado papel en el proceso de copia de textos que garantizó la supervivencia de buena parte de la literatura heredada de Roma, aunque, curiosamente, Irlanda nunca había formado parte del Imperio romano. Hemos señalado que el proyecto de Casiodoro incluía este objetivo, pero también contribuyó al mismo a la larga, de una forma decisiva, la orden de los benedictinos, que fundó Benito de Nursia (m. ca. 547) en Montecasino. Sin embargo, a comienzos de la Edad Media el grueso de esta labor no se llevó a cabo en Italia, sino en monasterios situados en las regiones germánicas de Alsacia, Hesse, Baviera, Suiza y Austria, entre otras. Buena parte de estos monasterios habían sido fundados por dos misioneros insulares: el irlandés Columbano (ca. 543-615) y el anglosajón Bonifacio (m. ca. 754), que fue obispo de Maguncia.

## Iglesia y poder en la Europa latina

En las últimas décadas del Imperio de Occidente, el poeta galo Rutilio Namaciano había alabado en un poema a la ciudad de Roma por haber "construido una sola patria a partir de pueblos distintos" (*fecisti patriam diversis gentibus unam*). Esta patria común era la consecuencia de las conquistas de Roma, que el poeta representaba como el instrumento de un proceso civilizatorio para los pueblos (occidentales) sometidos. En el siglo I ya había expresado esta idea Plinio el Viejo, otorgando a la lengua latina un importante papel en dicho proceso. Para Plinio, Italia había sido "elegida por los dioses para juntar las lenguas discordes y salvajes de tantos pueblos y llevarlas al diálogo mediante la interacción verbal (*sermonis commercio*), para dar la humanidad al ser humano y, en resumen, para que se hiciera una única patria de todos los pueblos en todo el mundo".

Después de la disgregación del Imperio occidental, ese ideal de una patria común de pueblos diversos que compartían una misma lengua fue heredado por la Iglesia de Roma, que funcionaba como referente de unidad religiosa entre los mismos territorios que antes habían integrado un único espacio político. Este desarrollo no fue ajeno a la adquisición unilateral de un perfil cada vez más propio e independiente de la Iglesia de Roma con respecto a la de Constantinopla, un perfil propio del que el papa Gregorio Magno (ca. 540-604) ofrece un ejemplo temprano.

El nombre de Gregorio evocará en seguida el canto llamado gregoriano y por extensión el conjunto de la liturgia católica. El uso ritual del latín por parte de la Iglesia ha sido omnipresente hasta hace muy poco tiempo y no es posible dar cuenta en este breve libro del caudal de himnos, antífonas, secuencias y otras formas literarias propias de la liturgia que se produjeron en los siglos medievales. Sí conviene recordar que la liturgia católica, siempre en latín, no fue al principio uniforme en los territorios occidentales: existían diversos ritos latinos que tuvieron una larga pervivencia incluso después de la generalización del rito romano, como el milanés, el galicano en la actual Francia, ritos anglosajones y celtas, y el rito hispánico o mozárabe. El impulso inicial para la unificación litúrgica de todas las iglesias latinas mediante la imposición del mencionado rito romano se debió inicialmente, no al papado, sino al rey franco Pipino el Breve (714-768) y a su hijo, Carlomagno, coronado emperador por el papa en Roma.

La coronación de Carlomagno (800) simboliza elocuentemente la alianza de la Iglesia de Roma con el poder político en la Europa occidental. Esta alianza explica en buena medida la decidida apuesta de Carlomagno por la educación latina en su imperio, a la que nos referiremos en la siguiente sección. También existía una razón más práctica para la apuesta educativa por el latín: garantizar una lengua común que facilitase la administración en los amplios territorios del Imperio carolingio, donde se hablaban distintas lenguas romances y germánicas. Considerada desde una perspectiva que podemos llamar geopolítica, esta opción de Carlomagno por el latín resultaba análoga, como señala Leonhardt, a la adopción del árabe clásico en los vastos territorios conquistados por el islam, la del antiguo eslavo eclesiástico en el Imperio búlgaro o la del estándar literario del griego que se usaba en el Imperio bizantino. Las cuatro eran lenguas que diferían muy notable o totalmente, según los casos, de las múltiples lenguas nativas de las poblaciones que integraban esos imperios.

Casi cuatro siglos después de la caída del Imperio romano de Occidente, con Carlomagno llegó a existir en la Europa occidental un área geográfica de grandes dimensiones bajo un único poder político: aproximadamente las actuales Francia, Bélgica, Países Bajos, Alemania y mitad septentrional de Italia, además de regiones fronterizas como la Marca Hispánica, que iba de Pamplona a Barcelona. Es notable que en crónicas y poemas de época carolingia se llama a todo este territorio *regnum Europae* ('reino de Europa'), y a Carlomagno, *pater Europae* ('padre de Europa'). Por primera vez se asocia el nombre del continente europeo a una unidad cultural y política, aunque de forma muy parcial y con la exclusión implícita de las regiones europeas donde predominaban otras lenguas de cultura (griego, eslavo, árabe) y donde las autoridades políticas fomentaban otras religiones (cristianismo ortodoxo, islam y religiones paganas). Después de la división del Imperio carolingio, el nombre del continente no volverá a adquirir connotaciones culturales y políticas hasta los albores de la Edad Moderna, como mencionamos en la introducción.

Pero Carlomagno y sus sucesores contribuyeron decisivamente a consolidar los fundamentos del área cultural a la que podemos referirnos cabalmente como Europa latina. Esos fundamentos eran el latín como lengua de cultura y el cristianismo romano como religión promocionada por el poder político. Los límites geográficos de esta Europa latina fueron ampliándose en los siglos siguientes. En tiempos del Imperio carolingio, esta Europa estaba constituida *grosso modo* por los territorios de dicho imperio, además de las islas británicas y los reinos cristianos del norte de la península ibérica. Se extendió hacia el este y el sur con la expansión del cristianismo romano, ya fuera mediante guerras de conquista (como las sangrientas campañas de Carlomagno contra los sajones, la cruzada de la Orden Teutónica en los países bálticos en el siglo XIII o el proceso conocido como Reconquista en la península ibérica), o bien como consecuencia de políticas dinásticas y alianzas matrimoniales, como en el caso de Moravia (actual Chequia), Hungría y Polonia en los siglos IX-X.

Merecen una mención especial los mozárabes, o cristianos de al-Andalus, herederos de la tradición visigótica latina pero súbditos de gobernantes musulmanes. Esta situación provocó conflictos entre los líderes espirituales de los cristianos andalusíes y las autoridades islámicas. El sacerdote Eulogio de Córdoba (m. 859) fomentó el enfrentamiento directo con el islam y alentó el martirio de jóvenes exaltados, antes de morir ejecutado él mismo. Es destacable que, como parte esencial de su guerra cultural contra los musulmanes, Eulogio se afanó por revitalizar el conocimiento de la literatura latina entre los mozárabes. Con ese fin trajo de Navarra manuscritos de Horacio y Juvenal, de la *Eneida* de Virgilio y *La ciudad de Dios* de Agustín, entre otros: las letras latinas, incluso las escritas por paganos, se tenían por patrimonio cultural del cristianismo. Pero también, como describe el profesor Juan Gil, se encuentran ejemplos de colaboración entre los eclesiásticos mozárabes y las autoridades musulmanas: en el terreno diplomático, por ejemplo, los primeros actuaron como embajadores e intérpretes de los gobernantes andalusíes ante los reinos cristianos.

Por otra parte, tanto la Iglesia de Roma como la corte franca consideraron de su incumbencia las desviaciones doctrinales que tenían lugar entre los cristianos de al-Andalus: así se entiende la intervención de Alcuino de York (m. 804), consejero de Carlomagno, en el debate contra las ideas sobre la naturaleza de Cristo que sostenían el obispo Elipando de Toledo y su seguidor Félix de Urgel. Dos concilios celebrados en el corazón del Imperio carolingio, Fráncfort (794) y Aquisgrán (800), se ocuparon de condenar los desarrollos teológicos que se producían en la lejana Hispania musulmana.

En los siglos por venir, el latín siguió siendo la lengua de los concilios y los debates teológicos en la mitad de Europa donde predominaba el cristianismo romano. En buena medida fue también la lengua preferente de la administración en esos mismos territorios, y por supuesto la lengua que vertebraba todo el sistema de enseñanza.

## Administración latina

Teniendo en cuenta lo esbozado hasta ahora, no causará sorpresa que el latín se mantuviera durante mucho tiempo como lengua de administración tanto civil como eclesiástica en los nuevos reinos que sucedieron al Imperio romano de Occidente. No podemos entrar a discutir la amplia variedad documental en latín de tipo administrativo, legal, notarial y cancilleresco que se desarrolla a lo largo de la Edad Media; todos ellos tienen en común que se basan generalmente en la repetición y adaptación de fórmulas establecidas.

En determinados contextos y en algunos países de Europa, especialmente en aquellos donde convivían distintas lenguas vernáculas, el latín se mantuvo para dichos usos administrativos hasta bien entrada la Edad Moderna. El caso de Castilla, donde el rey Alfonso X el Sabio (1221-1284) optó por el uso de la lengua vernácula en la administración, suele considerarse un ejemplo excepcionalmente temprano del abandono del latín en esa esfera.

El estudio de este ingente corpus documental ofrece interés desde el punto de vista lingüístico. En época altomedieval, estos textos permiten rastrear las primeras manifestaciones de las incipientes lenguas románicas: así lo plantea por ejemplo el proyecto del CSIC *Glossarium Mediae Latinitatis Cataloniae*, que persigue hacer accesible el conjunto de los textos latinos (no solo los documentales) producidos entre los siglos IX y XII en los territorios correspondientes al dominio lingüístico del catalán y dotar al lector de los instrumentos adecuados para comprenderlos. Pueden consultarse sus sitios web GMLC digital y CODOLCAT.

Pero la documentación administrativa en latín también ofrece un enorme interés para la historia política y social. Por ejemplo, el fuero de población de Vitoria, otorgado en 1181 por Sancho VI de Navarra, documenta que dicha villa, a la que el rey acababa de poner un nuevo nombre, *antea vocabatur Gasteiz* ("antes se llamaba Gasteiz"). Otros documentos latinos otorgados por reyes han adquirido un verdadero carácter simbólico: pensemos en la *Magna carta libertatum* ("Gran carta de libertades") otorgada en 1215 por el rey Juan I de Inglaterra, que fundamenta los derechos individuales en la jurisprudencia inglesa y después norteamericana, y cuyo nombre, carta magna, usamos hoy a menudo como sinónimo de constitución.

La historiografía social encuentra en estos documentos valiosos testimonios de las relaciones entre el poder y los administrados, así como entre los miembros de la sociedad entre sí. El mero hecho de que estas relaciones se formalizaran en una lengua que solo podía aprenderse en la escuela es elocuente de la profunda relación que históricamente ha guardado la lengua latina con las estructuras de poder. La enseñanza giraba en torno al latín, y ese papel central no hizo sino fortalecerse con las escuelas eclesiásticas fundadas a partir del siglo IX y, dos siglos más tarde, con las primeras universidades.

## Escuelas y universidades

En su corte de Aquisgrán, Carlomagno estableció la escuela palatina destinada a la formación de la élite y dirigida por intelectuales de varios orígenes geográficos, aunque con una fuerte presencia insular, con el mencionado Alcuino de York a la cabeza. Estos hombres adoptaron la división de los saberes que encontraban en Boecio y Casiodoro, así como en la obra del escritor africano Marciano Capella (primera mitad del siglo V), *De nuptiis Philologiae et Mercurii* ("Las bodas de Filología y Mercurio"). En su formulación canónica, dicha división de saberes establece siete disciplinas, llamadas a menudo artes liberales: tres básicas o *trivium* ('tres caminos') que son de tipo lingüístico: gramática, retórica y dialéctica, y cuatro superiores o *quadrivium* de tipo matemático: geometría, aritmética, astronomía y música. Filosóficamente, este sistema hundía sus raíces en los postulados del filósofo griego Platón (siglos V-IV a. C.). El nombre de artes liberales implicaba que se concebían, a diferencia de los saberes técnicos y artesanales, como propias de los hombres libres (su nombre deriva del adjetivo *liber, libera, liberum,* 'libre'). Sin embargo, como señala Philipp Roelli, ya autores como Casiodoro e Isidoro desconocían esa etimología y relacionaban el nombre de las artes liberales con la palabra para libro (el sustantivo *liber*): las liberales serían para ellos las artes que se aprendían en los libros.

El modelo de la escuela palatina de Aquisgrán se reprodujo en numerosas escuelas creadas en monasterios (escuelas monásticas) a lo largo y ancho del territorio carolingio y su área de influencia, como Fulda, Auxerre, Laon, Reichenau o San Galo. En ellas desarrollaron su actividad hombres como Rabano Mauro (780-856), Juan Escoto Eriúgena (ca. 810-877) o Remigio de Auxerre (m. 908). Algo más tarde se crearon también escuelas catedralicias en Barcelona, Vich, Reims, Colonia, Tréveris, Lieja o Chartres, con figuras como Gerberto de Aurillac (m. 1003), que estudió en el monasterio catalán de Ripoll, Hermann de Reichenau (1013-1054) o el matemático Franco de Lieja (m. 1083).

Los conocimientos adquiridos y los desarrollos intelectuales que se produjeron sobre todo entre los siglos XI y XII, de los que haremos mención en la sección siguiente, propiciaron la creación de las universidades, a menudo a partir de escuelas catedralicias anteriores. Su creación tuvo lugar en un contexto de prosperidad económica y florecimiento urbano. Las universidades de Bolonia, París, Oxford, Cambridge, Salamanca o Padua se encuentran entre las más antiguas (siglos XII-XIII). Para finales de la Edad Media las universidades se habían multiplicado a lo largo y ancho de toda la Europa latina, desde Lisboa hasta Pécs y Cracovia, desde Catania hasta Upsala y Aberdeen.

Las universidades se llamaron originalmente con nombres como *studium, studia, studium generale* ('estudio', 'estudios', 'estudio general') y otros similares, títulos que concedían los papas, emperadores o reyes que tomaban estas universidades bajo su mecenazgo y otorgaban rentas para su sostenimiento. El término más tardío de *universitas studiorum* ('conjunto de los estudios') se refería a la entidad corporativa y jurídica que constituía cada universidad. En ellas, los conocimientos se agrupaban en distintas facultades. En la Facultad de Artes se enseñaban materias relacionadas con las antiguas artes liberales, y, por lo general, era obligatorio graduarse en ella antes de cursar estudios en las demás: Teología, Derecho civil, Derecho eclesiástico (o Cánones) y Medicina. Las universidades solían destacar por una u otra facultad en particular y no siempre contaban con todas.

La institución universitaria se convirtió en el motor intelectual de la Europa latina y el latín fue su lengua oficial en todas partes. En latín estaban escritos los textos que eran objeto de las *lectiones* ('lecturas' o clases magistrales) y *repetitiones* (clases extraordinarias) que impartían también en latín los profesores. En latín se llevaban a cabo las discusiones orales (*disputationes*) que eran preceptivas para la obtención de grados y que consistían en debates públicos formalizados. Durante la Edad Media, se trataba de responder a una pregunta anunciada con anterioridad. Más adelante, la pregunta se sustituyó por una tesis o postulado cuya veracidad debía afirmarse o negarse con argumentos de una y otra parte. En la Edad Moderna fue común imprimir "pliegos de tesis" para anunciar las tesis que se iban a debatir en una futura *disputatio* pública. Es fácil ver en estas ceremonias de la universidad medieval y moderna el origen de nuestras tesis doctorales, tanto por lo que se refiere a su contenido (el establecimiento de la verdad en torno a un tema dado, a partir de la interacción crítica con el estado de conocimientos) como por lo que se refiere a la ceremonia de la defensa de tesis.

A menudo era también el latín la lengua que los estatutos universitarios obligaban a utilizar a profesores y estudiantes para cualquier comunicación fuera de las clases y de los actos estrictamente académicos. Esta omnipresencia de la lengua latina en la universidad tenía mucho que ver no solo con la tradición, sino también con la notable movilidad internacional de estudiantes y profesores.

## Transmisión y producción de saberes

En el siglo XII comenzó lo que Roelli ha considerado una revolución científica comparable a la de la Edad Moderna. Un efecto visible de esta revolución fue la creación de las universidades que acabamos de mencionar: como hemos visto, su organización en facultades iba mucho más allá de los saberes englobados bajo las tradicionales artes liberales, que comienzan en esta época a considerarse insuficientes. Es elocuente en este sentido la exhortación de Hugo de San Víctor (m. 1141): "Apréndelo todo y luego verás que nada es superfluo" (*omnia disce, videbis postea nihil esse superfluum*).

La filosofía y la teología alcanzaron un gran desarrollo sistemático desde entonces hasta finales de la Edad Media: se trata de lo que posteriormente, por lo general de forma despectiva, se llamó escolástica, es decir, ciencia o conocimientos de las escuelas. Entre sus antecedentes se encuentran figuras tan relevantes para la historia de la filosofía como Anselmo de

Canterbury (ca. 1033-1109), Pedro Abelardo (1079-1142) o Juan de Salisbury (m. 1180), autor de un enciclopédico tratado de filosofía política, el *Policraticus*.

Los más conocidos profesores universitarios de teología y filosofía procedían de las órdenes mendicantes (fundadas y masivamente difundidas en este periodo), como los dominicos Tomás de Aquino (ca. 1225-1274), máximo representante de la teología escolástica, y Alberto Magno (m. 1280), precursor de la ciencia experimental, así como los franciscanos Roger Bacon (m. ca. 1292), Duns Escoto (ca. 1266-1308) y Guillermo de Ockham (ca- 1287-1348), que contribuyeron en gran medida al desarrollo del léxico filosófico especializado.

En el campo de las matemáticas, el siglo XII es el momento crucial en que se populariza en la Europa latina el cálculo indoarábigo, vigente hasta hoy, que introdujo el número 0 (en latín *cyfra*, del árabe *sifr*). La introducción en la Europa latina de las matemáticas indoarábigas se llevó a cabo mediante un proceso de traducción de textos: el matemático al-Khwarizmi (de cuyo nombre viene nuestro *algoritmo*) escribió en Bagdad en el siglo IX su tratado *Sobre el número de los indios*. Este tratado se tradujo en Toledo en el siglo XII, y de ahí derivaron una serie de tratados latinos e, incluso, un poema didáctico en hexámetros, el *Carmen de algorismo*. En este proceso de introducción del nuevo cómputo fue especialmente relevante la Universidad de París, con figuras como la de Juan de Sacrobosco.

La medicina fue otro campo en el que las traducciones al latín desde el árabe y el griego resultaron fundamentales. Cabe destacar la escuela de medicina de Salerno, al sur de Nápoles, otra de las más antiguas universidades europeas. Ya en el siglo XI se produjeron en este lugar importantes compilaciones médicas e influyentes traducciones, como las realizadas por Constantino Africano (siglo XI), un intelectual viajero originario quizás del Magreb, que llegó a ser monje en Montecasino.

En los siglos XII y XIII realizaron su labor otros importantes traductores en distintos puntos geográficos, como

Jacobo de Venecia y Guillermo de Moerbeke, que tradujeron desde el griego a Aristóteles, o Adelardo de Bath y Miguel Escoto, que tradujeron desde el árabe obras sobre astronomía y alquimia. En efecto, la labor traductora incluía campos como la astrología y lo que hoy recibiría el nombre de ciencias ocultas. Los conocimientos traducidos provenían tanto de la Antigüedad griega como de los ámbitos islámico y judío. A menudo los cauces de la transmisión de estos textos son complicados: tal es el caso de *Picatrix*, un manual de magia escrito en árabe en el siglo IX del que se hizo una traducción (hoy perdida) al castellano en el siglo XIII, y a partir de esta una traducción al latín, ambas en Toledo.

En dicha ciudad castellana se llevó a cabo gran parte de las traducciones latinas de la ciencia escrita en árabe. Allí trabajaron traductores como Gerardo de Cremona, Juan de Sevilla o Domingo Gundisalvo, además del mencionado Miguel Escoto. Toledo se había convertido en un gran foco de la actividad traductora internacional debido a los abundantes manuscritos árabes que quedaron en la ciudad tras su conquista (1085) por las tropas de Alfonso VI de León. Textos conocidos por primera vez gracias a estos traductores latinos, como los *Analytica posteriora* de Aristóteles, el *De scientiis* de al-Farabi (siglos IX-X) o las obras de los grandes filósofos musulmanes Avicena (980-1037) y Averroes (1126-1198) formaron la base de la revolución aristotélica que se produjo en las universidades.

Cabe destacar también la traducción al latín de textos religiosos no cristianos, como son el Corán y el Talmud, traducciones que han sido objeto de importantes proyectos en tiempos recientes, como *The European Qu'ran*, financiado por el Consejo Investigación Europeo (ERC) y dirigido desde el CSIC. De la época medieval datan dos traducciones latinas del Corán. La más influyente para la posteridad fue la del traductor de obras científicas Roberto de Ketton, encargada por Pedro el Venerable (ca. 1092-1156), abad de Cluny. A ella se sumó a principios del siglo XIII la de Marcos de Toledo, encargada por el arzobispo de esa ciudad, Rodrigo Jiménez de Rada (ca. 1180-1247). Ambas obedecían a intereses de polémica religiosa: se trataba de demostrar la falsedad del texto sagrado de los musulmanes. A semejantes propósitos obedecía igualmente la traducción latina del Talmud que se llevó a cabo en París a mediados del siglo XIII y que estaba destinada a servir de base para condenar la religión judía.

El aumento del caudal de conocimientos propiciado por la actividad de las universidades y por los proyectos de traducción motivó la producción de enormes enciclopedias a lo largo del siglo XIII. Entre ellas destaca por sus dimensiones el *Speculum maius* ("Espejo mayor") del dominico Vicente de Beauvais, una vasta obra actualmente todavía en curso de estudio filológico. Merece la pena mencionar que el rey castellano Alfonso X el Sabio dispuso en su testamento que los libros de Vicente de Beauvais ocupasen un puesto de honor en sus honras fúnebres. Más allá de las motivaciones concretas del monarca, la anécdota simboliza bien la profunda simbiosis de las estructuras políticas, religiosas y científicas en la Europa medieval latina.

## Literatura latina medieval

Podemos considerar literatura mucha de la producción textual mencionada a lo largo de este capítulo, tanto en el sentido actual de la palabra como en la medida en que dicha producción se encuadra en géneros considerados literarios desde la Antigüedad. Tal es el caso de la historia, tradicionalmente a caballo entre la manifestación artística e incluso la ficción, por un lado, y la descripción verídica de los hechos, por otro. Hemos señalado las producciones historiográficas de Isidoro, Gregorio de Tours, Beda o Pablo el Diácono. A ellas se sumaron numerosísimas historias y crónicas en los siglos siguientes. Buena parte del material historiográfico de la Europa latina medieval está recogido en forma de ediciones críticas en los *Monumenta Germaniae historica* o "Testimonios históricos de Germania" (*MGH*), consultables en línea, que abarcan todos los siglos medievales y el ámbito territorial del Imperio carolingio, el Sacro Imperio Romano Germánico y los Estados Pontificios. Además, podemos citar otros ejemplos de obras historiográficas, como la *Historia de rebus Hispaniae* ("Historia de España") del mencionado Jiménez de Rada, o la anterior *Historia rerum in partibus transmarinis gestarum* ("Historia de lo sucedido en las regiones al otro lado del mar"). Esta última es una historia de las Cruzadas escrita por Guillermo de Tiro (m. ca. 1184), arzobispo de dicha ciudad en el actual Líbano, que entonces formaba parte del denominado reino latino de Jerusalén (1099-1291), establecido por los cruzados europeos.

Dentro de la prosa literaria se encuadra también el prolífico género de la hagiografía o vidas de santos, como las incluidas por el dominico genovés Jacobo de Vorágine (ca. 1230-1298) en su popular *Legenda aurea* ("Lecturas de oro", como traducen Antonio Fontán y Ana Moure). Al género hagiográfico pertenece también la muy difundida *Historia de Barlaam y Josafat*, una composición bizantina que al parecer toma su núcleo original de la leyenda india del Buda, el cual aparece en esta obra como Josafat, un apócrifo santo cristiano. El *Barlaam*, que circuló en distintas traducciones al latín a partir del siglo XI, guarda estrecha relación con las colecciones de cuentos moralizantes, género muy cultivado en la Edad Media: a él pertenecen obras como la *Disciplina clericalis* ("Enseñanza de doctos", como la traduce José Luis Moralejo en el libro editado por Díez Borque), escrita por el converso aragonés, de origen judío, Pedro Alfonso (nacido ca. 1060). Menos ejemplarizante es la *Historia calamitatum* ("Historia de calamidades") de Pedro Abelardo, a quien mencionamos antes como profesor de filosofía y teología en París. En ella Abelardo cuenta su novelesca vida, incluidos sus amores con Eloísa, que propiciaron nada menos que su castración a instancias del padre de esta.

En el ámbito de la poesía, al igual que en el de la prosa, sería imposible resumir aquí la abundante y diversa producción latina medieval, desde los *aenigmata* o 'adivinanzas' del anglosajón Aldhelm (m. 709) hasta la poesía mística de la abadesa Hildegarda de Bingen (1098-1179), desde los caligramas (*carmina figurata*) del carolingio Rabano Mauro hasta las comedias elegíacas como el *Pamphilus de amore* (siglo XII), que dejó su impronta en el *Libro de buen amor*. Destacaremos a continuación algunas piezas representativas, antes de incluir unas observaciones generales sobre la versificación medieval.

En cuanto a la poesía lírica, pueden destacarse especialmente la temática religiosa y la amorosa. Una irreverente fusión de ambas se encuentra en los *Carmina Burana* o "Canciones de Beuern" (siglo XIII). Los poemas de esta recopilación, en su mayoría latinos, pero también con presencia del alemán y el provenzal, proceden de los siglos XI y sobre todo XII y constituyen el principal exponente de la poesía de los goliardos, clérigos y estudiantes universitarios. Una colección semejante en el ámbito hispánico se encuentra en el *Cancionero de Ripoll* (siglo XII).

La liturgia católica propició la composición de infinidad de himnos y otras piezas poéticas, entre las que solo mencionaremos la secuencia *Dies irae, dies illa*: este poema del siglo XIII, en el que el franciscano Tomás de Celano imagina el pavoroso día del Juicio Final, es quizás el más exitoso de toda la literatura latina, al menos si juzgamos por la infinidad de sus versiones musicales en los siglos siguientes.

Además de la religión y el amor, la literatura científica también admitía tratamientos poéticos. Tal es el caso del *Carmen de algorismo* mencionado arriba, un poema en hexámetros que servía como material didáctico entre los estudiantes de matemáticas. La transmisión de contenidos científicos en verso tenía una larga tradición desde los poemas didácticos de la Antigüedad grecolatina y continuó practicándose mucho más allá de la Edad Media.

También viene de la Antigüedad el género de la poesía épica, muy cercana al género literario de la historiografía cuando su objeto son las gestas de reyes y otros personajes históricos. Se compuso abundante poesía épica en honor de

Carlomagno y también de sus sucesores, como los *Gesta Othonis*, poema en hexámetros compuesto en honor del emperador sajón Otón I por la abadesa Hroswitha de Gandersheim (m. ca. 1002), una prolífica escritora en latín. Para la literatura española reviste interés el *Carmen Campidoctoris* (ca. 1090), un poema sobre el Cid Campeador que no está compuesto en hexámetros, como habríamos esperado, sino en estrofas sáficas, un exitoso esquema métrico llamado así por la antigua poeta griega Safo. De tema no épico sino filosófico son los tres mil hexámetros en los que está compuesto *De contemptu mundi* ("Sobre el desprecio del mundo") del monje cluniacense Bernardo de Morlas (siglo XII).

Es importante que hagamos ahora unas breves consideraciones generales sobre la versificación latina medieval. Como dijimos, la poesía latina antigua se basaba en la alternancia de sílabas largas y breves de acuerdo con unos patrones determinados por cada esquema métrico, dado que en la lengua de los antiguos romanos la cantidad vocálica servía para distinguir palabras. Pero esta característica fonológica se había perdido ya en la Antigüedad tardía, como se desprende del testimonio de autores de esa época. Como consecuencia, la poesía había dejado de ser reconocible al oído: solo el conocimiento gramatical permitía reconocerla como tal.

En la Edad Media se adoptaron muchos de los esquemas métricos antiguos, pero, por lo general, se sustituyó la alternancia entre largas y breves por la alternancia entre sílabas acentuadas y no acentuadas, con independencia de su cantidad gramatical. Una consecuencia de este cambio fue la tendencia al isosilabismo, es decir, a que los versos de un mismo tipo tuvieran el mismo número de sílabas, algo que era indiferente en la mayoría de los esquemas de la poesía antigua. Como señalan Fontán y Moure, estos desarrollos de la métrica latina medieval propiciaron la creación de versos vernáculos, como el endecasílabo italiano, proveniente de versiones rítmicas y acentuadas del trímetro yámbico latino.

Además, la poesía latina medieval introduce un nuevo parámetro, la rima, tanto interna como entre versos. La rima es otro elemento fundamental que la poesía vernácula comparte con la medieval latina y que nos habla de la integración de ambas en una cultura literaria común, así como del carácter vivo y dinámico de la literatura latina medieval.

En la Baja Edad Media no fue extraño que un mismo autor escribiera tanto en latín como en su lengua vernácula: tal es el caso de los iniciadores de la prosa en catalán, el filósofo Ramón Llull (ca. 1232-1316) y el médico y alquimista Arnau de Vilanova (m. ca. 1311), que escribieron la mayor parte de sus obras en latín, o del gran poeta italiano, Dante Alighieri (1265-1321), que escribió también obras en latín, incluido, aunque pueda parecer paradójico, un tratado sobre el uso de la lengua vernácula en la poesía, *De vulgari eloquentia*.

## El latín medieval

Como hemos mencionado, la poesía latina medieval no sonaba como la poesía latina antigua, sino que sus acentos rítmicos y sus rimas la acercaban a la sonoridad de la poesía vernácula. Del mismo modo, la pronunciación en general del latín medieval se diferenciaba mucho de la antigua, para asemejarse a la pronunciación vernácula de cada región, o incluso para identificarse con ella por completo, como deducimos de las quejas de los humanistas de la época siguiente. Estos hechos de pronunciación dejaban su huella en la muy variable ortografía, sobre la que todavía hoy falta mucha investigación sistemática por desarrollar.

Dada su diversidad regional y la extensión temporal, resulta difícil establecer características generales del latín de la Edad Media, en particular durante los primeros siglos: en estos, como consecuencia de la disolución del sistema escolar imperial y la pérdida de conexiones entre regiones, se produce una diversificación de la norma escrita, de modo que, frente a la uniformidad de la Antigüedad tardía, los textos presentan rasgos que permiten adscribirlos a un área u otra (visigótica, merovingia, etc.). Es a partir del siglo XII, con la renovación cultural de la que es síntoma la creación de las universidades, cuando se observa la introducción de regularizaciones que hacen más uniforme la lengua latina, de la mano de la filosofía escolástica.

Con todo, en tanto que lengua que se aprendía en las gramáticas y que tenía la vocación de continuar ampliando el patrimonio escrito heredado de la Antigüedad, el latín medieval es conservador desde el punto de vista de su estructura. Así, por ejemplo, conservó las cinco declinaciones de los sustantivos, las cuatro conjugaciones de los verbos y los tres géneros (masculino, femenino y neutro) del latín clásico, a pesar de que estas características gramaticales estaban en retroceso en las lenguas vernáculas y caminaban hacia su simplificación o, incluso, su desaparición.

Aunque carecía de hablantes nativos, el latín sí contó con multitud de usuarios durante la Edad Media, que se comunicaban en esa lengua no solo por escrito, sino de forma oral en contextos internacionales, eclesiásticos o educativos. Debido a ese particular estatus de lengua común utilizada para nuevas realidades y nuevos desarrollos intelectuales, el latín medieval no fue totalmente inmune a los cambios.

Las principales transformaciones se produjeron en el terreno del léxico, con la frecuente acuñación de palabras nuevas o neologismos, préstamos de otras lenguas, resignificaciones y desplazamientos semánticos. Así como en el latín de la Antigüedad tardía se había introducido el léxico de especialidad de los cristianos y algunos de sus modismos sintácticos, la actividad traductora de los siglos XII-XIII propició la incorporación al léxico latino medieval de palabras y, ocasionalmente, estructuras sintácticas, que tienen su origen en la filosofía y la ciencia griega y árabe. En estas traducciones, al igual que en las versiones bíblicas de Jerónimo, cada palabra se traducía por su correspondiente término latino y se aspiraba a conservar rigurosamente tanto la sintaxis como el orden de palabras. Esto producía un latín deficiente (con respecto a la norma clásica) y difícil de leer, pero que cumplía su objetivo principal: reproducir, sin preocupación por el estilo, la estructura del texto en la lengua original.

El lenguaje de los traductores marcó notablemente el latín escolástico, en un grado que está todavía pendiente de estudiar en profundidad, como ha señalado Roelli. En efecto, el latín escolástico, reinante en las primeras universidades europeas, estaba cargado de préstamos de las traducciones de textos extranjeros (como los tecnicismos *quidditas*, *entitas*, *compossibilis*, *aseitas*, etc., acuñados para traducir términos filosóficos griegos). En consonancia con su objetivo de precisión terminológica y univocidad, el latín escolástico era rico en procedimientos de creación léxica, a menudo mediante derivación morfológica a través de sufijación, y al mismo tiempo tendía a la reducción de patrones sintácticos, lo que lo hizo apropiado para el uso oral en debates y para escuchar lecciones.

Falta por investigar en profundidad el trasvase del latín escolástico a las lenguas vernáculas europeas, tanto romances como no romances. La relativa escasez del trabajo filológico llevado a cabo hasta la fecha sobre el latín escolástico no se corresponde con la entidad de los textos medievales escritos en él. Sin duda está relacionada con el prejuicio instalado contra ese registro del latín desde el humanismo, pues los humanistas lo convirtieron, como enseguida veremos, en el objeto de sus odios más encarnizados.

# CAPÍTULO 3

# Auge y caída del latín en Europa

Si atendemos al número de textos escritos llegados hasta nosotros, la Edad Moderna (siglos XV-XVIII) fue la edad de oro del latín, pues en ella se produjeron millones de textos latinos, en una cantidad que excede enormemente lo escrito en esa lengua tanto en la Antigüedad como en la Edad Media, según ha estimado el profesor Martin Korenjak. Esta eclosión ha de entenderse en el contexto de la proliferación del medio escrito en la Edad Moderna, propiciado por la introducción de la imprenta a mediados del siglo XV, que multiplicó y aceleró la circulación de textos hasta extremos no antes vistos. Dado su estatus como lengua de cultura de la Europa latina, no es de extrañar que el latín fuera además la lengua en la que más cantidad de texto se imprimió durante los primeros tiempos de aquel revolucionario invento.

La universidad y la Iglesia siguieron funcionando sin interrupción como los bastiones del latín, inseparablemente vinculados al poder político. En ambos ámbitos tuvieron lugar en este tiempo procesos cruciales que se reflejan en una ingente producción escrita, de primer orden para el estudio de la historia intelectual de Europa.

En el mundo académico, el proyecto de renovación educativa de los humanistas enlazó con las aspiraciones de gramáticos y matemáticos por ennoblecer las disciplinas de la

Facultad de Artes. Desde esta y desde la Facultad de Medicina se llevaron a cabo los extraordinarios avances de lo que la historiografía posterior ha llamado revolución científica, cuyo principal medio lingüístico fue el latín. En el ámbito eclesiástico, la Reforma protestante trajo consigo la división de la Iglesia latina y la multiplicación de escritos teológicos en los que las distintas confesiones surgidas, así como la propia Iglesia de Roma, defendían sus posturas y atacaban a las demás, al tiempo que se organizaban y articulaban debates internos. Pese a que las nuevas confesiones protestantes propugnaban el uso de las lenguas vernáculas para la liturgia, su producción teológica siguió siendo principalmente latina, pues estas nuevas iglesias (evangélicas o luteranas, reformadas o calvinistas) no rompieron con el sistema universitario establecido, sino que lo adoptaron como propio. Ambos ámbitos, el eclesiástico y el universitario, solo pueden desligarse virtualmente, pues sus actores fueron con frecuencia los mismos.

En estos mismos contextos se produjo a lo largo de la Edad Moderna una voluminosa literatura artística en latín, que convivía y se relacionaba con la literatura en lengua vernácula, ya por entonces mayoritaria. Además de en la esfera literaria, a lo largo de este periodo las vernáculas europeas fueron usándose de forma preferente en más y más contextos. De este modo, en el transcurso del siglo XVIII y en la primera mitad del siglo XIX fue cuestionándose de forma cada vez más generalizada el uso activo del latín. Este cuestionamiento se producía en un contexto de pérdida de poder de las élites nobiliarias y eclesiásticas. Además, estaba en consonancia con la nueva sensibilidad romántica hacia las lenguas vernáculas, consideradas como expresión genuina del espíritu supuestamente distintivo de cada pueblo.

## Los humanistas y su nuevo ideal de latinidad

A juicio de Francesco Petrarca (1304-1374), el gran Dante, a quien tenía por poeta modélico en lengua vernácula, no era un buen escritor latino. En este juicio del primero de los humanistas podemos constatar el inicio de una nueva época en la historia del latín.

La corriente cultural bautizada posteriormente como humanismo nació en Italia en el siglo XIV, floreció en el siglo XV y a partir de esa centuria se extendió paulatinamente más allá de los Alpes. Es inseparable del complejo fenómeno cultural conocido como Renacimiento que para el siglo XVI ya había impregnado las expresiones artísticas y la vida intelectual de toda la Europa latina y que se caracteriza en esencia por una exaltación de la Antigüedad clásica como ideal humano, armonizada, eso sí, con el cristianismo. Se hizo común para los cultivadores de las artes y las letras entender su época como un renacimiento de los valores estéticos y morales de la Antigüedad, que según su visión habían estado languideciendo durante la Edad Media (de ahí el nombre con que se bautizó dicho periodo, como intermedio entre la Antigüedad y su anhelada recuperación).

Puede entenderse el humanismo como la dimensión literaria del Renacimiento. Su nombre viene de los *studia humanitatis* o 'estudios de humanidad', la manera de referirse en latín clásico a la cultura literaria y a la educación general, conceptualizadas como aquello que define al ser humano. Los humanistas, que en principio no eran sino profesores de gramática, aspiraban a una renovación educativa que otorgara un papel central a la formación en el arte de la palabra, tomando como modelo la elocuencia de los autores griegos y latinos antiguos.

Este énfasis en la retórica, el arte de convencer, estaba en consonancia tanto con el ideal político del hombre de la Antigüedad como con las aspiraciones políticas de los propios humanistas, quienes, al igual que los hombres de letras de los periodos anteriores, siempre buscaron la cercanía y el mecenazgo del poder. Como dos ejemplos entre innumerables discursos humanísticos con fines políticos podemos mencionar la *Laudatio Florentinae urbis* ("Alabanza de Florencia") de Leonardo Bruni (1370-1444) o la declamación de Lorenzo

Valla (1406/7-1457) sobre la llamada *Donación de Constantino*, a la que volveremos más adelante. Al mismo tiempo, el ideal de educación (cristiana) integral perseguido por los humanistas puede observarse en obras como la *Institutio principis christiani* ("Educación del príncipe cristiano") de Erasmo de Róterdam (1466-1536) o la *Institutio feminae christianae* ("Educación de la mujer cristiana) del valenciano Juan Luis Vives, a quien mencionamos en la introducción.

En lo que se refiere a la propia lengua latina, el humanismo conllevó una profunda revisión del latín medieval encaminada a acercar lo más posible al estándar clásico todos los aspectos de la lengua. Se trataba de abolir la supuesta barbarie que a ojos de los humanistas se había instalado durante la Edad Media en la pronunciación, en la sintaxis y en el léxico del latín, y sustituirla por la pureza que percibían como propia del latín clásico. Asociada a la idea de restauración cobraba importancia la idea de corrección lingüística, sinónimo de distinción y refinamiento. A este respecto resulta elocuente el título de la obra gramatical de Valla, *Elegantiae linguae latinae* ("Sutilezas de la lengua latina"), o las palabras con las que todavía hoy se celebra a Antonio de Lebrija (comúnmente Nebrija, 1444-1522) en los muros de la casa que habitó en Salamanca: *eximio debellatori barbariae* ('extraordinario vencedor de la barbarie').

En buena medida, como ha mostrado Luis Gil para el caso español, la enfática confrontación de los humanistas con el latín medieval respondía al empeño de los mal pagados gramáticos de la Facultad de Artes por ennoblecer su perfil profesional frente a los prestigiosos profesores de Teología y Derecho. Aunque el ideal humanístico de renovación educativa distó mucho de imponerse plenamente, lo cierto es que su renovación lingüística sí consiguió abrirse paso también en las disciplinas propias de las facultades universitarias llamadas mayores, de modo que, del siglo XVI en adelante, el estándar humanístico puede darse por generalizado en la escritura del latín.

Ahora bien, pese al carácter profundamente normativo de la enseñanza gramatical y retórica de los humanistas, el latín escrito por ellos y por sus sucesores está lejos de ser uniforme. Más allá del destierro definitivo de algunos usos morfosintácticos del latín medieval, lo que hemos llamado estándar humanístico permitía un amplio abanico de realizaciones estilísticas.

En el terreno del léxico, pese a las críticas al latín medieval por la introducción de "barbarismos", en la práctica será general la adopción de préstamos, neologismos y tecnicismos para nombrar realidades y conceptos nuevos, con mayores o menores reticencias según la actitud más o menos purista de cada escritor y las exigencias de su profesión.

En el plano sintáctico, la predilección de los humanistas por el género declamatorio y los discursos públicos propició la tendencia a una sintaxis de largos periodos (es decir, construcciones con una estudiada disposición de los distintos miembros y habitualmente con varios niveles de subordinación), en imitación de los discursos de Cicerón y otros modelos antiguos. Pero en materia de modelos las preferencias eran muy variadas, dependiendo del escritor y también de la época: por ejemplo, autores del humanismo tardío, como el flamenco Justo Lipsio (1547-1606), preferían tomar como modelos de su prosa a autores de la Antigüedad en las antípodas del estilo ciceroniano, como Tácito y Séneca.

De hecho, la flexibilidad del estándar humanístico está muy relacionada con el progresivo redescubrimiento y revaloración de distintos autores antiguos. Es común constatar en los textos latinos de la Edad Moderna el uso ecléctico de distintos modelos literarios. Igualmente, en la escritura latina moderna se encuentran generalizadas locuciones y expresiones que, pese a documentarse en la Antigüedad, no se leen con la misma frecuencia en los autores antiguos.

Los humanistas también concedieron una importancia capital a la pronunciación del latín, que consideraban depravada por las distintas pronunciaciones vernáculas. Destaca en este aspecto el tratado de Erasmo, *De recta latini graecique sermonis pronuntiatione* ("Sobre la pronunciación correcta de las lenguas latina y griega"), que propone una pronunciación cercana a la que hoy se ha hecho normal en la enseñanza académica. Sin embargo, en su día este aspecto de la reforma humanística fue probablemente el menos exitoso.

En relación con la pronunciación se encuentra el complejo asunto de la ortografía, quizás el aspecto más variable del latín en cada una de sus épocas. Los humanistas adaptaron sus usos y propuestas ortográficas conforme avanzaban en el redescubrimiento de manuscritos antiguos. Un ejemplo es la escritura de los diptongos *ae* y *oe*, que los humanistas tempranos, con Petrarca a la cabeza, escribían *e* al igual que los medievales, porque así lo pronunciaban. Con posterioridad esos diptongos se fueron reintroduciendo en la escritura (aunque probablemente no en la pronunciación), si bien dicha restitución nunca fue completa.

Además de un nuevo estándar gramatical, los humanistas quisieron dotar el latín de un registro conversacional, convenientemente rico en modismos, frases hechas, refranes y otros giros apropiados para el discurrir elegante. Obedecen a este objetivo dos *best sellers* de Erasmo de Róterdam, los *Adagia* ("Adagios" o "Sentencias") y los *Colloquia* ("Conversaciones"). En ellos se encuentran multitud de expresiones proverbiales que a menudo suponen desarrollos creativos a partir de testimonios antiguos, no su mera repetición, y que fueron adoptadas gustosamente por los escritores latinos de la época.

## El paradigma histórico-filológico

La atención que los humanistas prestaban a las fuentes antiguas trajo consigo una progresiva consciencia de la dimensión histórica de los textos, de cómo el paso del tiempo había dejado su huella en forma de cambios (a menudo vistos como corrupciones por los humanistas) y de cómo cada texto debía sus rasgos lingüísticos y compositivos a la época y el contexto en que se había escrito. Esta consciencia está en la base de la disciplina que acabaría desembocando en la filología moderna.

La aplicación de herramientas filológicas podía (y puede) ponerse al servicio de proyectos que trascienden el mero cultivo de las letras. Un elocuente caso temprano es la obra antes mencionada de Lorenzo Valla, *De falso credita et ementita donatione Constantini declamatio* ("Declamación sobre la falsamente creída e inventada donación de Constantino"). En ella, este humanista utiliza argumentos lingüísticos e históricos para demostrar que el documento de la llamada *Donación de Constantino*, un texto supuestamente del siglo IV en el que emperador Constantino otorgaba al papa poder político y jurisdicción sobre los Estados Pontificios, no era auténtico, sino una falsificación medieval. No es casual que Valla estuviera al servicio del rey de Aragón, Alfonso V el Magnánimo (1396-1458), enfrentado precisamente al papa por los territorios del sur de Italia.

La introducción del paradigma histórico-filológico se manifiesta en la proliferación de ediciones de autores antiguos, tanto latinos como griegos: el acceso directo a estos últimos, por quienes los humanistas profesaban la veneración que habían aprendido de los antiguos escritores latinos, constituían la gran novedad con respecto a la Edad Media. En efecto, a los manuscritos antiguos latinos, que los humanistas buscaban en las bibliotecas de monasterios y abadías, se sumaban los manuscritos griegos que llegaban de Bizancio con los intelectuales a los que había hecho emigrar la conquista otomana del Imperio bizantino (1453). Pronto, las ediciones impresas fueron más allá de la reproducción sin más de un único manuscrito, para aspirar de forma cada vez más generalizada a la presentación de un texto auténtico: este resultaba de la comparación entre distintos manuscritos de una misma obra, que permitía purificarla de los errores de copia producidos en el largo proceso de transmisión desde la Antigüedad, con el objetivo ideal de restituir el original tal y como lo habría concebido el autor.

El sentido histórico-crítico, aguzado por el examen directo de las fuentes del pasado, lleva a los humanistas del siglo XVI, paradójicamente, a la relativización del aprendizaje de las lenguas por sí mismas. Luis Vives advierte en su *De disciplinis* (1531) "que no es más saber latín y griego que francés y español" si no se añaden a las lenguas los usos prácticos que entraña su conocimiento. Francisco Rico pone esta cita en relación con otra del humanista francés Guillaume Budé (1467-1540), quien escribió en su *De Philologia* (1533) que la filología había servido en el pasado para decorar, pero en su tiempo para restaurar y renovar (*olim ornatrix fuisse, hodie instauratrix interpolatrixque*).

La utilidad práctica más evidente del latín era permitir el acceso, no solo a los textos latinos de la Antigüedad, sino también a los textos del pasado escritos en otras lenguas, que de inmediato los estudiosos modernos traducían al latín e interpretaban en esa lengua para la comunidad académica. En la Edad Media, como vimos, el latín ya había cumplido ampliamente esa función vehicular, pero a partir del siglo XVI se encuentra una notable diferencia: ahora se prestaba principalmente atención a las lenguas originales, que ya no quedan sustituidas por su traducción latina, sino que cada vez con más frecuencia se imprimen junto con ella en ediciones bilingües y multilingües. En el siglo XVI, los ejemplos más espectaculares los ofrecen las biblias políglotas: primero, la Biblia Políglota de Alcalá o Complutense (1514-1517), dirigida por el cardenal Francisco Jiménez de Cisneros (1436-1517) en la universidad recién creada por él, que presenta el texto bíblico en lengua hebrea, griega, aramea y latina. Cincuenta años más tarde, la Biblia Regia o Políglota de Amberes (1569-1572), dirigida por el humanista extremeño Benito Arias Montano (1525/27-1598), que, basándose en la misma idea, incorporaba de forma más exhaustiva traducciones literales en latín para todos los textos no latinos.

Mucho más comunes eran las ediciones bilingües, típicamente en griego y latín, como las muy numerosas ediciones de los Padres de la Iglesia griegos que produjeron las imprentas de París a lo largo del siglo XVII, pero también en otras lenguas, como las ediciones bilingües en árabe y latín producidas por orientalistas como el holandés Thomas van Erpe o

Erpenius (1584-1624) o el inglés Edward Pococke (1604-1691). Estas ediciones incluían habitualmente tratados gramaticales y diccionarios de las lenguas en cuestión, siempre con el latín como lengua vehicular.

Como resultado de esta indagación en las lenguas antiguas, del académico de la Europa latina ya no se esperaba que solo dominase el latín, requisito básico imprescindible, sino que fuera también competente como mínimo en griego y, si su dedicación profesional lo exigía, también en otras lenguas, como el hebreo y otras lenguas semíticas en el caso de los teólogos. El latín sigue siendo la lengua imprescindible del discurso académico, pero a menudo ya en compañía de otras que quienes las dominan exhiben con orgullo. En este aspecto cabe señalar que entre los eruditos se hace común ya en el siglo XVI componer textos íntegramente en griego clásico, por lo general breves, como poemas y cartas. En tiempos recientes este fenómeno, que ha dejado una producción textual muy abundante, está recibiendo una creciente atención en la investigación, que ha acuñado el nombre de *new ancient Greek* o 'griego antiguo moderno'. De esta tendencia podemos rastrear un vestigio en la fachada plateresca de la Universidad de Salamanca, donde una frase en griego, no en latín, rodea el medallón en el que figuran los Reyes Católicos.

Precisamente a los Reyes Católicos había dedicado su obra titulada *Antiquitates* (1498) el dominico italiano Annio de Viterbo (Giovanni Nanni, 1437-1502). Al principio de esta sección evocamos el discurso en el que Valla denunciaba la falsedad de la *Donación de Constantino*. Podemos considerar a Annio como un correlato inverso de Valla, pues se le conoce por haber hecho pasar un numeroso conjunto de creaciones propias como obras redescubiertas de autores antiguos que presentaba en traducción latina y con su propio comentario. Como Valla, el caso de Annio también muestra la profunda imbricación de filología y política, pues las falsificaciones del de Viterbo también cumplían propósitos políticos: uno de ellos, aumentar el prestigio de la monarquía hispánica. Aunque pronto se denunciaron como falsedades, la enorme base de datos apócrifos de Annio siguió confundiendo a los escritores a lo largo del siglo XVI y aún más allá.

Las décadas en torno al cambio del siglo XVI al XVII asisten al desarrollo de la ardua disciplina de la cronología, aquella cuyo objetivo es asignar fechas exactas a los acontecimientos de la historia antigua, tanto la que se presumía que narraba la Biblia como la transmitida por los autores paganos. Entre sus principales cultivadores se encuentran el protestante francés Joseph Justus Scaliger o Escalígero (1540-1609) y el jesuita Denis Pétau o Petavio (1583-1652). Es el periodo que a menudo se designa como humanismo tardío y que se caracteriza por una mirada especialmente crítica sobre los textos de la Antigüedad, su datación y sus implicaciones, así como por una profunda interrelación con las controversias religiosas de su tiempo.

## El latín en la religión y las controversias teológicas

Dijimos arriba que el primer humanismo se fijaba como ideal una versión de la Antigüedad grecolatina armonizada con la religión cristiana. Aunque la armonización de la sabiduría pagana con el cristianismo había sido ya hasta cierto punto llevada a cabo por los antiguos padres de la Iglesia, el redescubrimiento de algunos textos religiosos no cristianos de la Antigüedad podía generar suspicacias. Tal fue el caso de los escritos (en griego) atribuidos a Hermes Trismegisto, una fusión del dios griego Hermes con el dios egipcio Toth, que bajo el título de *Pymander* fueron traducidos al latín en 1463 por el filósofo florentino Marsilio Ficino (1433-1499). El hermetismo dejó su impronta en un texto tan típicamente asociado con el humanismo renacentista como la *Oratio de hominis dignitate* ("Discurso sobre la dignidad del hombre", 1486) de Pico della Mirandola (1463-1494). Dado el importante papel de la magia en el hermetismo, no es de extrañar que tanto Ficino como Pico se enfrentaran a la censura eclesiástica. Por lo demás, los textos atribuidos a Hermes Trismegisto (el conjunto conocido como *Corpus Hermeticum*) también sufrió con el tiempo la crítica histórico-filológica, principalmente por parte del erudito protestante Isaac Casaubon (1559-1614), que lo consideró una colección originada en la era cristiana, es decir, menos antiguo de lo que se suponía.

La controversia teológica invadió la conversación intelectual en la Europa latina como consecuencia de la Reforma protestante y la consiguiente reacción católica. Se sitúa convencionalmente el inicio de la Reforma en 1517, cuando el monje agustino Martín Lutero (1483-1546) hizo circular las conocidas como sus 95 tesis, es decir, la *Disputatio pro declaratione virtutis indulgentiarum* ("Disputación para determinar el valor de las indulgencias"), un gesto de rechazo hacia la campaña de venta de indulgencias que se había puesto en marcha para financiar la construcción de la Basílica de San Pedro en Roma. Dichas tesis se inscriben plenamente, desde su título, en la tradición de las *disputationes* académicas y en el contexto universitario de Wittenberg, donde era profesor Lutero. En ellas se advierte la adopción del nuevo paradigma humanístico, pues comienzan analizando el significado de la expresión bíblica *poenitentiam agere*: esta, defendía Lutero, no significa propiamente 'hacer penitencia' o 'cumplir un castigo' en un sentido exterior y físico, sino 'cambiar de pensamiento' y 'arrepentirse' (*metanoéin* en el griego original).

Lutero fue finalmente excomulgado por el papa León X en 1521. Pero gracias al apoyo imprescindible del duque de Sajonia, el luteranismo se había comenzado a asentar en buena parte de Alemania y pronto lo haría también en países vecinos. Los luteranos o evangélicos tomaron el control de las estructuras eclesiásticas y académicas existentes, y en lo que se refiere a estas últimas, su funcionamiento siguió siendo fundamentalmente el mismo, con la diferencia de que en las facultades de Teología se enseñaban las doctrinas protestantes. La docencia seguía llevándose a cabo en latín, con independencia de la intensa actividad de traducciones de la Biblia a las lenguas vernáculas y de la promoción de estas últimas como lenguas de culto (aunque sin exclusión total del latín).

Algo semejante ocurrió con la segunda gran vertiente del protestantismo, la articulada en torno a la figura del jurista francés Juan Calvino (1509-1564), con centro en Ginebra y adoptada por las Provincias Unidas (actuales Países Bajos), además de muy influyente en Francia y otras partes. Como el luteranismo, el calvinismo no careció de fuerte disidencia interna y escisiones; merecen especial mención los remonstrantes o arminianos holandeses, que también mantuvieron una fuerte tradición académica latina hasta el siglo XVIII.

Tanto Lutero como Calvino escribieron en latín numerosos escritos doctrinales, aunque también dejaron una abundante producción en alemán y francés respectivamente. De Lutero podemos destacar *De servo arbitrio* ("Sobre el albedrío esclavo", 1525), escrito en el contexto de una agria polémica con Erasmo. La principal obra latina de Calvino es la *Institutio religionis christianae*, una exposición sistemática de su teología publicada por primera vez en 1536, sustancialmente revisada en ediciones posteriores y traducida al francés por él mismo; también escribió comentarios en latín a prácticamente todos los libros bíblicos.

En las primeras décadas del siglo XVI se había iniciado un intenso trabajo filológico sobre el texto de la Biblia que pronto se vio altamente condicionado y limitado por las cortapisas confesionales. En lo que se refiere a nuestro tema, el desarrollo del humanismo había generalizado la opinión de que la traducción latina tradicional de la Biblia, la llamada Vulgata, no siempre se adecuaba bien a los originales hebreos y griegos, y que además presentaba un latín defectuoso. En 1516 Erasmo se atrevió a publicar su propia traducción al latín del Nuevo Testamento, que generó largas controversias. En 1528 siguió el camino erasmiano el hebraísta dominico Sante Pagnini (1470-1536), publicando una nueva traducción latina de toda la Biblia cuyo principal objetivo era que se correspondiera fielmente al hebreo en el Antiguo Testamento. Pese a ser su autor católico, la traducción de Pagnini causó considerables recelos, de forma que su inclusión por parte de Arias Montano en la Políglota de Amberes (en una versión muy revisada por el extremeño) no estuvo exenta de controversia. En el ámbito protestante, el ex franciscano Sebastian Münster (1489-1552) publicó también una traducción propia al latín del Antiguo Testamento, en formato bilingüe hebreolatín (1546). Pero más lejos que todos ellos llegó el protestante saboyano Sébastien Castellion (1515-1563), autor de una revolucionaria traducción de la Biblia al latín "clásico" publicada en Basilea (1551), que fue muy admirada por los protestantes españoles en el exilio y detestada por los calvinistas.

Entre protestantes y católicos se libraron grandes batallas por el relato historiográfico. La más conocida es la que supusieron dos voluminosas publicaciones: por un lado, las conocidas como "Centurias de Magdeburgo" (*Ecclesiastica historia... secundum singulas centurias*, 1559-1574) dirigidas por el luterano Matija Vlačić (1520-1575), más conocido por su nombre latinizado Matthias Flaccius Illyricus, natural de Istria, actual Croacia; por otro, los *Annales ecclesiastici* (1588-1607), del cardenal Cesare Baronio (1538-1607). Ambas cubren la historia del cristianismo en la Antigüedad y la Edad Media. Podemos incluir aquí también la denuncia de la Inquisición que escribieron dos religiosos españoles que huyeron de ella, Casiodoro de Reina (1520-1594), traductor de la Biblia al castellano, y Antonio del Corro (1527-1591), ex monjes jerónimos ambos. Su escrito *Sanctae Inquisitionis Hispanicae artes aliquot detectae* ("Algunas técnicas de la Santa Inquisición española al descubierto", 1567), donde relatan bajo seudónimo la represión de protestantes en Sevilla, se considera veraz en lo esencial.

De forma más controvertida sobre la historia del cristianismo se expresaron los autores de la llamada Reforma radical, en particular los antitrinitarios, que mantenían que en el siglo IV se había producido una gran corrupción del cristianismo marcada por la adopción de la doctrina de la Trinidad. El aragonés Miguel Serveto o Servet (1511-1553), que expresó esta visión en su *De Trinitatis erroribus* ("Sobre los errores de la Trinidad", 1531), fue quemado vivo en la hoguera en la Ginebra de Calvino. Distintas corrientes antitrinitarias lograron asentarse e incluso contar con academias propias (de enseñanza latina) tanto en Polonia, de donde fueron expulsados hacia 1650, como en Transilvania, donde estuvieron presentes hasta finales del siglo XVIII. Más radical todavía fue el silesio Martin Seidel, maestro de escuela en Heidelberg hacia 1570, quien con su tratado *Origo et fundamenta religionis christianae* llegó a situarse fuera del cristianismo: intentó demostrar que esta religión era un gran malentendido desde su origen mismo y en su lugar proponía una nueva basada en la práctica de la moral innata y el "conocimiento natural de Dios".

Mientras tanto, en 1540 el papa había aprobado la fundación de la Compañía de Jesús por el guipuzcoano Ignacio de Loyola (1491-1556), entre cuyos objetivos principales estaba la propagación de la fe allá donde el papa lo estimase oportuno. Esto se tradujo en numerosas controversias teológicas con los protestantes europeos y también en la realización de misiones evangelizadoras en América y Asia. En Europa, los jesuitas crearon la red de escuelas y universidades más amplia de la Edad Moderna, desde Coímbra hasta Vilna y Leópolis, y desde Mesina hasta Osnabrück, a menudo muy cerca del poder político, como en el caso del Colegio Imperial en Madrid.

Los jesuitas generaron una inmensa producción en latín todavía hoy en curso de estudio, que incluye documentación administrativa, material docente y una vasta producción literaria, científica y académica. Aquí nos limitaremos a señalar el papel que, merced a sus misiones, desempeñaron en el descubrimiento europeo de religiones orientales, con contribuciones como *Confucius Sinarum philosophus, sive scientia Sinensis latine exposita* ("Confucio, filósofo de los chinos, o la sabiduría china expuesta en latín", 1687).

Además de estos ecos de las religiones del lejano Oriente, pueden escucharse en la producción latina moderna otras voces no cristianas provenientes de la propia Europa. Un ejemplo se encuentra en la obra del remonstrante Philipp van Limborch (1633-1712), *De veritate religionis christianae amica collatio cum erudito Judaeo* ("Conversación amistosa sobre la verdad de la religión cristiana con un erudito judío"). La obra da cuenta del debate que mantuvo Van Limborch con Isaac Orobio de Castro (ca. 1617-1687), portugués que estudió en Alcalá y fue médico en Sevilla antes de ser encarcelado por la Inquisición y, después, emigrar a Ámsterdam. En el mismo libro, a modo de apéndice, Van Limborch incluyó el relato autobiográfico *Exemplar humanae vitae* ("Ejemplo de una vida humana") que escribió el también portugués Uriel da Costa (ca. 1585-1640) antes de suicidarse, al cabo de una vida en la que, después de convertirse al judaísmo de sus antepasados, se vio rechazado por la comunidad judía holandesa.

Da Costa había puesto en duda la inmortalidad del alma. El tema es afín al ateísmo, posición intelectual de la que también se encuentran en latín los primeros testimonios explícitos de la Europa moderna, como los tratados clandestinos *Theophrastus redivivus* (1659), escrito muy probablemente por el médico francés Guy Patin (1601-1672), o el *Symbolum sapientiae* ("La clave de la sabiduría" en traducción de Francisco Socas), compuesto en el ambiente académico alemán de finales del siglo XVII.

## Ciencia, derecho, filosofía

Una pregunta recurrente en la filosofía y el derecho de la Edad Moderna fue si una sociedad de ateos podía darse y subsistir, y hasta qué punto debía respetarse. El gran estímulo para la pregunta lo ofrecía el descubrimiento de sociedades complejas tanto en el lejano Oriente como, desde 1492, en América, que a ojos de los europeos eran idólatras o incluso ateas. La pregunta tenía implicaciones profundas para el derecho internacional, cuyas bases empiezan a desarrollarse en la Edad Moderna. Es fundacional al respecto la extensa obra latina del dominico burgalés Francisco de Vitoria (1483-1546), profesor en Salamanca. También el dominico sevillano Bartolomé de las Casas (ca. 1484-1566), conocido por su tenaz defensa de los *indios* o nativos americanos, escribió en latín sobre los derechos de los habitantes de América, como en su obra *Adversus persecutores et calumniatores gentium novi orbis ad Oceanum reperti apologia* ("defensa de los pueblos del Nuevo Mundo hallado junto al Océano contra quienes los persiguen y calumnian"), aunque sus escritos más conocidos están en castellano. Posteriormente jugaron un prominente papel en el desarrollo del derecho internacional el jesuita granadino Francisco Suárez (1548-1617), probablemente el filósofo y teólogo español más conocido en Europa en la Edad Moderna, de obra exclusivamente latina, así como también el remonstrante holandés Hugo de Groot o Grocio (1583-1645), célebre por su *De iure belli ac pacis* ("Sobre el derecho de la guerra y la paz"), aunque autor también de una influyente obra teológica e historiográfica en latín.

Si América transformó la manera en que los europeos concebían el globo terrestre, la publicación de la obra del astrónomo polaco Nicolás Copérnico (1473-1543), *De revolutionibus orbium coelestium* ("Sobre las rotaciones de los orbes celestes", 1542), cambió la forma en que concebían el universo. Pero fue este un cambio mucho más lento. El planteamiento de que la Tierra girase alrededor del Sol y no al revés, que Copérnico presentaba como una hipótesis, cobró fuerza y detalles a lo largo del siglo XVII. Los hitos de este desarrollo son las obras de las otras figuras canónicas de la llamada revolución científica: el alemán Johannes Kepler (1571-1630), el toscano Galileo Galilei (1564-1642) y el inglés Isaac Newton (1642-1727). Kepler escribió principalmente en latín, lengua de sus obras principales, como *Astronomia nova* (1609). Tanto Galileo como Newton hicieron abundante uso del italiano y del inglés respectivamente, si bien la obra del primero circuló internacionalmente traducida al latín (en esa lengua la leyó Newton) y el segundo escribió en latín su obra principal, *Philosophiae naturalis principia mathematica* ("Principios matemáticos de la filosofía natural", 1687), para muchos el libro más influyente de toda la historia de la ciencia.

Los cuatro grandes astrónomos de la revolución científica participaron del nuevo marco humanístico e histórico-filológico. Es conocido que Copérnico, al presentar su modelo heliocéntrico, evoca a antiguas autoridades griegas (incluido Hermes Trismegisto). Kepler, por su parte, gusta especialmente de usar expresiones griegas en su escritura y fue además cultivador de la cronología, una disciplina especialmente apropiada para matemáticos y astrónomos, pues la referencia a fenómenos astronómicos en fuentes antiguas ofrece en principio referencias objetivas para su datación. Por otra parte, es muy célebre el conflicto entre Galileo y la Iglesia católica por las aparentes contradicciones entre el modelo copernicano y determinados pasajes de la Biblia, que llevaron al italiano a discurrir sobre exégesis bíblica. Esta última fue una dedicación habitual de Newton, que también escribió abundantemente, y con frecuencia en latín, sobre la historia del cristianismo. Además, buscó otorgar una dimensión histórica a sus *Principia*, explorando la idea de que la ley de la gravedad y otros descubrimientos matemáticos suyos ya eran conocidos por los antiguos filósofos de Grecia.

Los matemáticos y filósofos naturales, pertenecientes a la Facultad de Artes, reivindicaron para sí, de un modo similar a como lo habían hecho sus colegas gramáticos, un perfil propio y equiparable en dignidad al de los profesores de Teología y Derecho. En su caso, adoptaron una actitud contraria a la metafísica, una disciplina propia de la Facultad de Teología, basada en Aristóteles y tradicionalmente inseparable de las ciencias naturales (su objeto de estudio son las causas del mundo físico y la naturaleza del ser, y de ahí también las categorías de tiempo, lugar, etc.). Este complejo proceso que tuvo lugar en las universidades ha sido recientemente explorado por Dmitri Levitin. El principal exponente de la metafísica en el siglo XVII fue probablemente el mencionado Francisco Suárez, profesor en el Colegio Romano (el principal colegio de los jesuitas) y en las universidades de Alcalá y de Coímbra, autor de las *Disputationes metaphysicae*.

Sin embargo, la filosofía del periodo, tanto la de tipo teórico como aplicado (es decir, lo que nosotros consideraríamos por un lado filosofía y, por otro, ciencias naturales), suele asociarse con la novedad y la ruptura de esquemas previos que habitualmente se identificaban con Aristóteles. Son elocuentes al respecto los títulos del político inglés Francis Bacon (1561-1626), *Novum organum* ("Nuevo órgano", en oposición al viejo *organon* o corpus de obras de Aristóteles sobre lógica) e *Instauratio magna* ("Gran instauración" o comienzo nuevo de la ciencia). Es conocido el comenzar de cero que propone René Descartes (1596-1650) en su *Discours de la méthode*, muy difundido en su traducción latina, *Specimina philosophiae, seu dissertatio de methodo recte regendae rationis et veritatis in scientiis investigandae* ("Muestras de filosofía, o discurso sobre el método para regir correctamente la razón e investigar la verdad en las ciencias"). Para calibrar el éxito de la traducción, preguntémonos si se cita más habitualmente la conocida frase cartesiana en francés, *je pense donc je suis*, o en latín, *cogito ergo sum*. Menos conocido que Descartes, pero enormemente influyente en el siglo XVII, fue el sacerdote provenzal Pierre Gassendi (1592-1655), profesor de matemáticas en el Colegio Real de París. De su abundante obra, toda ella en latín, podemos destacar el *Syntagma philosophicum* ("Tratado filosófico").

También publicaron abundante o exclusivamente en latín otros prominentes pensadores de mediados del siglo XVII, como el filósofo judío Baruch Spinoza (1632-1677), autor entre otras obras del *Tractatus theologico-politicus* ("Tratado teológico-político") y la *Ethica ordine geometrico demonstrata* ("Ética demostrada según el orden geométrico"); el jesuita alemán Athanasius Kircher (1602-1680), autor de una extensísima obra que trata desde los jeroglíficos egipcios (*Oedipus Aegyptiacus*) a la escritura china (*China illustrata*), desde la naturaleza de los volcanes (*Mundus subterraneus*) a la construcción de la Torre de Babel (*Turris Babel*), y el filósofo y educador Jan Amos Komenský o Comenius (1592-1670), de Moravia, en la actual Chequia, exiliado en Ámsterdam por motivos religiosos, autor de obras como el *Orbis sensualium pictus* ("El mundo de las cosas perceptibles, en pintura"), un método de enseñanza basado en imágenes.

Junto con la Facultad de Artes, la otra gran protagonista de la ciencia del periodo fue la Facultad de Medicina. En ella se introdujo en la Edad Moderna la anatomía y la consiguiente práctica de la disección de cadáveres, un tabú hasta entonces. Para esta práctica se crearon los espectaculares teatros anatómicos, como el que ilustra la portada del libro fundamental de esta disciplina, *De humani corporis fabrica* ("Sobre la constitución del cuerpo humano", 1542), famoso por sus espléndidos grabados, escrito por el bruselense Andreas Vesalius o Andrés Vesalio (1514-1564). Vesalio, que llegó a ser médico de Carlos V, fue profesor de medicina en Padua, la universidad de la República de Venecia y el principal centro médico de la época. A juicio de Roelli, el latín de Vesalio es especialmente clasicista. A ese rasgo parece referirse su traductor en lengua castellana, el médico palentino Juan Valverde de Amusco (m. ca. 1588). En efecto, Valverde señala que su traducción adaptada, *Historia de la composición del cuerpo humano* (1556), viene motivada en parte porque los cirujanos saben "poco latín", y en parte "por aver escrito el Vesalio tan escuramente que con dificultad puede ser entendido, sino de aquellos que primero algunas veces an tenido el cuerpo delante de sus ojos".

Como se infiere de las palabras de Valverde, la cirugía había estado tradicionalmente fuera de la universidad. Es este uno de los factores que explican el aumento general de la producción científica en lengua vernácula durante la Edad Moderna: el paso al primer plano de disciplinas técnicas sin tradición de enseñanza latina. El otro gran ejemplo junto con la cirugía es el arte de la navegación, que cobra una importancia de primer orden en la época de los descubrimientos y para el que se crearon escuelas de enseñanza vernácula en las principales potencias marítimas. El desarrollo de la ingeniería a lo largo del siglo XVIII no hará sino reforzar esta tendencia hacia la vernácula en la enseñanza superior.

Volviendo a la medicina, entre sus cultivadores se cuentan personajes de amplios horizontes intelectuales, como el médico, matemático y filósofo Gerolamo Cardano (1501-1576), natural de Pavía, autor también de una vasta obra escrita en latín, incluida su autobiografía (*De propria vita*). Además del mencionado desarrollo de la anatomía, la otra gran vertiente de la medicina en la Edad Moderna fue el humanismo médico, que consistía en el redescubrimiento y edición de obras médicas de la Antigüedad grecolatina. Un destacado médico fue el segoviano Andrés Laguna (ca. 1510-1559), de ascendencia judeoconversa, traductor al castellano de Cicerón y del farmacólogo y botánico Dioscórides (siglo I). Laguna es también famoso por el discurso latino que pronunció en la Universidad de Colonia, *Europa heautentimorumene* ("Europa que se atormenta a sí misma", en alusión al título griego de una comedia de Terencio), donde presenta a Europa como una anciana enferma próxima a la muerte.

Otro destacado representante del humanismo médico fue el toledano Francisco Hernández (ca. 1515-1587), traductor al castellano de la *Historia natural* de Plinio el Viejo y al que Felipe II encargó llevar a cabo una exhaustiva historia natural del Nuevo Mundo. Por desgracia, la obra tal y como la concibió Hernández acabó perdida. Hasta 1651 no se publicó el compendio realizado por Nardo Recchi (m. 1595), *Rerum medicarum Novae Hispaniae thesaurus seu plantarum animalium mineralium Mexicanorum historia* ("Tesoro de las cosas médicas de Nueva España, o historia de las plantas, animales y minerales de México"). De los materiales de Hernández también se sirvió el jesuita madrileño Juan Eusebio Nieremberg (1595-1658), profesor del Colegio Imperial, en su *Historia naturae, maxime peregrinae* ("Historia de la naturaleza, sobre todo extranjera", 1635).

En estrecha relación con la medicina, como hemos visto, se encuentra la botánica, la disciplina científica donde por más tiempo persistió el latín. Dicha persistencia se debe en buena medida al sistema taxonómico basado en nomenclatura latina que ideó Carl Linnaeus o Linneo (1707-1778). Su discípulo Daniel Rolander (ca. 1723-1793) escribió un *Diarium Surinamicum* ("Diario de Surinam"), donde relata un viaje científico a dicha colonia neerlandesa. Ambos son exponentes de la vigencia del latín académico en la Suecia del siglo XVIII, observable también, por ejemplo, en la producción filosófica y mística del ingeniero y visionario Emmanuel Swedenborg (1688-1772).

En los primeros años del siglo XIX seguimos encontrando obras botánicas en latín, como los seis volúmenes en gran formato de *Icones et descriptiones plantarum* ("Imágenes y descripciones de plantas") del valenciano Antonio José Cavanilles (1745-1804), impresos en Madrid entre 1791 y 1801. Sigue escribiéndose en latín en otras disciplinas: son conocidas las numerosas obras latinas (pero también alemanas) del matemático Carl Friedrich Gauß (1777-1855). Sin embargo, estas publicaciones son cada vez más excepcionales después del siglo XVIII; para entonces el latín había perdido definitivamente su preeminencia como lengua científica.

## Literatura latina del Renacimiento a la Ilustración

La mayoría de la investigación existente sobre el uso del latín en la Edad Moderna se refiere al campo de la literatura artística. Esa abundancia probablemente haga parecer esta sección especialmente incompleta; sin embargo, es mucha la literatura del periodo aún por explorar.

Muchos autores escribieron tanto en latín como en lenguas vernáculas y, cuando lo hicieron en latín, fue habitual que cultivasen tanto la prosa como el verso. Al respecto de esta distinción, prosa y verso, conviene añadir algunas consideraciones. En lo referente a la prosa literaria, pueden considerarse exponentes de ella en mayor o menor medida todos los textos prosísticos que hemos mencionado a lo largo de este capítulo, en particular los discursos, que constituyen un género literario muy bien definido desde la Antigüedad. En esta sección nos referiremos particularmente a obras historiográficas, dialógicas y narrativas de ficción.

En cuanto a la poesía, al tratar sobre la literatura latina medieval ya señalamos que los poetas en latín de esa época habían introducido en los esquemas métricos de la Antigüedad nuevos parámetros sonoros, como la rima y el acento de intensidad en lugar de la cantidad vocálica (que ya solo existía en los libros y en la mente de quien conocía la gramática), además de nuevos esquemas formales. Como era de esperar, los humanistas rechazaron este tipo de innovaciones por considerarlas bárbaras y se esforzaron por reproducir lo más fielmente posible las formas y los parámetros de la poesía latina antigua. Por tanto, la poesía latina que se cultiva del humanismo en adelante es una poesía profundamente intelectual, que solo produce la totalidad de su efecto estético en quienes conocen muy bien la gramática clásica y la literatura antigua. Ahora bien, no debe pensarse que por esa razón dicha poesía consiste en una mera reproducción de formas poéticas del pasado: en cuanto a la forma lingüística, es común encontrar nuevas combinaciones de palabras, intencionadas alteraciones que propician un diálogo con los modelos, neologismos y nuevas aplicaciones de las formas métricas. En cuanto al contenido, es habitual que los temas sean contemporáneos o que de un modo u otro se refieran a cuestiones de actualidad.

En el siglo XIV Petrarca, conocido hoy sobre todo por su influyente poesía en italiano, dejó escrito un formidable corpus epistolar en prosa latina, emulando las cartas de Cicerón. También escribió *Epistole metrice* ("Cartas métricas") en hexámetros y dejó inacabado un poema épico de tema antiguo, *Africa*, sobre la segunda guerra púnica. Otro poema épico de tema antiguo fue el que escribió Maffeo Vegio (1407-1458) para que sirviera como suplemento o "libro decimotercero" de la *Eneida* de Virgilio. De tema bíblico es *De partu Virginis* ("Sobre el parto de la Virgen") de Jacopo Sannazaro (1458-1530). Pero también se cultivó el poema épico de tema histórico, como el escrito por Valerandus Varanius (se desconoce la forma vernácula de su nombre) sobre Juana de Arco (1412-1431), *De gestis Ioannae virginis Francae egregiae bellatricis* ("Sobre las hazañas de la doncella Juana, famosa guerrera franca", 1516).

Poetas latinos muy destacados en el siglo XV fueron el filólogo Angelo Ambrogini (1454-1494), más conocido como Poliziano (por ser natural de Montepulciano), que también escribió poesía italiana; el húngaro-croata Janus Pannonius (János Csezmiczei, 1434-1472), obispo de Pécs, y el alemán Conrad Celtis (1459-1508), poeta laureado, autor de los *Quattuor libri Amorum secundum quattuor latera Germaniae* ("Cuatro libros de amores según los cuatro confines de Alemania"), inspirado por las elegías del poeta romano Ovidio.

El descubrimiento de América motivó una gran cantidad de obras literarias, empezando por la obra historiográfica en prosa de Pietro Martire d'Anghiera o Pedro Mártir de Anglería (1457-1526), *Decades de orbe novo* ("Décadas", es decir, grupos de diez libros, de acuerdo con el modelo de Tito Livio, "sobre el Nuevo Mundo"). También escribió una historia *De orbe novo* (inédita hasta 1780), entre otras muchas obras, el humanista cordobés Juan Ginés de Sepúlveda (1490-1573), antagonista de Bartolomé de las Casas en el debate sobre los fundamentos jurídicos de la conquista de América (en el cual Sepúlveda, paradojas del humanismo, adoptaba la posición de Aristóteles sobre la "esclavitud natural"). Se hace amplio eco del Descubrimiento el humanista veneciano Pietro Bembo (1470-1547) en su historia de la República de Venecia, *Rerum Venetarum historiae libri*. En 1589 el romano Giulio Cesare Stella (1564-ca. 1624) publicó un poema épico sobre Colón, *Columbeis* o "Columbeida".

La monarquía hispánica protagonizó otras composiciones poéticas: podemos señalar la obra de Carlo Verardi de Cesena (1440-1500), *Historia Baetica* ("Historia andaluza", 1493), una pieza teatral sobre la toma de Granada, que alterna la prosa con el senario yámbico (el verso del antiguo drama latino). También debemos señalar el poema épico *Austrias* o "Austríada" (1573), sobre Juan de Austria y la batalla de Lepanto, compuesto por Juan Latino (m. 1594-1597), el hijo de una esclava africana que llegó a enseñar gramática en la Universidad de Granada. Igualmente se encuentran poemas que conmemoran las derrotas de España, sobre todo en el contexto de la guerra con las Provincias Unidas: se encuentran composiciones de ese tipo en los poemarios del humanista flamenco Bonaventura Vulcanius (1538-1614), que había trabajado en Castilla antes de ser profesor en Leiden, o el teólogo de Amberes, Caspar Barlaeus (1584-1648), que enseñó en la misma universidad holandesa.

En el panorama del siglo XVI es menester mencionar una vez más la obra en prosa de Erasmo de Rotterdam y de su amigo inglés Thomas More o Tomás Moro (1478-1535). Del primero ya mencionamos sus *Coloquios*. En la misma vena a menudo humorística y satírica está escrito un diálogo que en vida Erasmo no reconoció como suyo, *Iulius exclusus e coelis* ("Julio excluido del cielo", 1514), en el que el beligerante papa Julio II se encuentra, al morir, con que san Pedro le niega la entrada en el cielo. Profundamente satírico es también el célebre *Moriae encomium* o "Elogio de la estupidez" (1511). De Moro, por su parte, es muy conocida la novela *Utopia* (1516), titulada por extenso *Libellus vere aureus, nec minus salutaris quam festivus, de optimo reipublicae statu deque nova insula Vtopia* ("Librillo verdaderamente áureo, no menos beneficioso que entretenido, sobre el mejor estado de una república y sobre la nueva isla de Utopía").

Otro reconocido autor latino del siglo XVI es el poeta escocés George Buchanan (1506-1592), que entre sus muchas composiciones dejó inacabado un poema didáctico, *De sphaera* ("Sobre la esfera"), inspirado por el *De revolutionibus* de Copérnico. Como vimos en el capítulo sobre la Edad Media, la poesía didáctica es un género de larga pervivencia, con Lucrecio y las *Geórgicas* de Virgilio como principales modelos latinos antiguos. En la Edad Moderna su cultivo es muy frecuente. Es famoso el compuesto por el veronés Girolamo Fracastoro (1478-1553) sobre la sífilis, enfermedad venérea que toma su nombre precisamente del protagonista ficticio de este poema, *Syphilis sive de morbo Gallico* ("Sífilis, o sobre la enfermedad francesa"). Giordano Bruno (1548-1600), natural de Nola y quemado en Roma por herejía, escribió su obra literaria tanto en lengua vernácula como en latín, e igualmente cultivó el poema didáctico para expresar su filosofía, como *De innumerabilibus, immenso et infigurabili, seu de universo et mundis libri VIII* ("Ocho libros sobre las cosas innumerables, lo inmenso y lo informe, o sobre el universo y los mundos").

También cuenta con una extensa y valiosa producción poética el biblista Arias Montano, a quien hemos mencionado ya, tanto en forma de poemas introductorios a sus distintos libros como agrupados en poemarios, entre los cuales podemos destacar el último, *Hymni et secula* ("Himnos y siglos", 1593), poemas religiosos compuestos en una gran variedad de metros líricos. En el panorama del Renacimiento, Montano es especialmente ambicioso a la hora de componer en distintos metros de la Antigüedad latina, si bien también compuso centenares de dísticos elegíacos, la forma métrica más habitual de la poesía latina de la Edad Moderna.

El dístico elegíaco se asociaba en la antigua poesía latina a contenidos de amor y pérdida, pero en ellos se componían también epigramas breves y mordaces, como los de Marcial. En el Renacimiento y el Barroco los dísticos elegíacos se usan muy a menudo para transmitir contenido sentencioso de muy diverso tipo, en innumerables ocasiones acompañando emblemas e imágenes en grabados y pinturas, así como en inscripciones conmemorativas. El dístico se generaliza tanto que llega a utilizarse para componer poemas tan extensos y en principio tan alejados del contenido elegíaco como la *Historia ecclesiastica* del inglés Thomas Hobbes (1588-1679), autor del *Leviathan* (tratado político, por cierto, originalmente escrito en inglés, pero luego traducido al latín por el propio autor con importantes cambios).

En el siglo XVII podemos destacar la poesía en latín del londinense John Milton (1608-1674), autor en su lengua vernácula del *Paradise Lost*, obra de inspiración virgiliana fundamental de la literatura inglesa. Milton compuso poesía latina de alta calidad desde sus años de estudiante en Cambridge, donde la composición de poesía en latín, como en otras universidades, también formaba parte de la vida académica. Un ejemplo es el epilio (o poema épico breve) de Milton, fuertemente anticatólico, sobre la conspiración de la pólvora del cinco de noviembre de 1605. Del lado católico, por su parte, cabe destacar en esta época la poesía latina (y griega) del obispo normando Pierre-Daniel Huet (1630-1721). Además de componer obras de erudición filosófica, filológica y teológica, Huet coordinó los clásicos *ad usum Delphini* ("Para uso del Delfín"), una colección de ediciones de clásicos latinos con resúmenes y notas (también en latín), dedicada al príncipe heredero de Francia.

El poema didáctico siguió siendo muy cultivado a lo largo de todo el siglo XVIII. Se publicó en reiteradas ocasiones el poema póstumo del cardenal francés Melchior de Polignac (1661-1742), *Anti-Lucretius* (1747), irónicamente dirigido a refutar las ideas del principal modelo de la poesía didáctica latina. En algunos casos se han visto en estos poemas antecedentes de la ciencia ficción, como en *Navis aëria* ("El barco volador", 1784) de Bernardo Zamagna, jesuita de Dubrovnik (1735-1820). Como antecedente de la ciencia ficción suele verse también la novela satírica del noble noruego-danés Ludvig Holberg (1684-1754), *Nicolai Klimii iter subterraneum* ("El viaje bajo tierra de Niels Klim", 1741).

Hemos mencionado la importancia del mundo universitario para la composición literaria latina. El género más paradigmático es el del teatro escolar, muy cultivado en los centros jesuitas, pero no limitado a ellos. Como curiosidad podemos señalar la breve ópera en latín de Wolfgang Amadeus Mozart (1756-1791), *Apollo et Hyacinthus* ("Apolo y Jacinto", 1767), estrenada en la Universidad de Salzburgo precisamente como intermedio de un drama escolar latino.

## La práctica de la comunicación en latín

El latín no solo se usó en la Edad Moderna para la publicación de libros. Como hemos visto, era la lengua oficial para la comunicación en las universidades. Conoció también un considerable uso oral en el mundo de la diplomacia y además se utilizó muy abundantemente para la comunicación privada por escrito, sobre todo en la correspondencia entre científicos y académicos.

Los estatutos y normativas de las universidades habitualmente establecían de forma expresa el uso del latín. En Cambridge los estudiantes debían servirse de esta lengua incluso en el comedor común; las constituciones de Salamanca estipulaban que no se escuchase a quien no hablara latín (*nullus audiatur nisi latine loquens*). Por supuesto, es improbable que el latín que se hablaba en las universidades, y mucho más en las escuelas de gramática previas a la universidad, fuera gramaticalmente impoluto. Es presumible que se diesen frecuentes interferencias con las vernáculas, como vemos documentado por ejemplo en los sermones de Lutero, que mezclan alemán y latín. En cuanto a la pronunciación, sabemos que existían importantes variaciones regionales, pese a los intentos de algunos humanistas, como Erasmo, de regular una pronunciación estándar. Todas estas irregularidades del latín hablado explican la conocida sentencia (latina) de Francisco Sánchez de las Brozas, "el Brocense" (1523-1600), profesor de gramática en Salamanca: "hablar en latín corrompe el propio latín" (*latine loqui corrumpit ipsam latinitatem*).

Por lo demás, contamos con indicios de que no siempre se respetaba la obligatoriedad de hablar en latín en la universidad, ni siquiera por parte de los profesores. Un coetáneo del Brocense, Charles de l'Escluse o Carolus Clusius (1525-1609), botánico de la Universidad de Leiden que había visitado España, señalaba en una carta a un colega que en las universidades de Salamanca y Alcalá daba la impresión de que era sacrilegio hablar latín, pues sus profesores siempre usaban la vernácula (*Salmanticae et Compluti nefas esse arbitror latine loqui, quod etiam ipsi professores perpetuo vernaculo sermone utantur,* cita de Gilly). Sin embargo, la situación era diferente en la Universidad de Valencia, donde, según el mismo Clusius, la lengua latina se ejercitaba con regularidad. La crítica al poco latín de los españoles era también interna: el jesuita toledano Juan de Mariana (1536-1624) escribió una *Historia de rebus Hispaniae* (1592) y la tradujo él mismo pocos años después al castellano (*Historia general de España*, 1601), "por el poco conocimiento", escribe en el prólogo, "que de ordinario oy tienen en España de la lengua latina aun los que en otras sciencias y profesiones se aventajan".

A distintos ritmos, el latín universitario iba perdiendo terreno en otras partes de Europa. En 1528, el médico y alquimista Paracelso (1493-1541) había impartido provocadoramente su clase inaugural en la Universidad de Basilea en alemán; un siglo y medio después (1687), el jurista Christian Thomasius (1655-1728) empezó a dar regularmente en lengua alemana sus clases en la Universidad de Leipzig. Pero hacia la misma época, un médico danés que había visitado la Universidad de Padua en 1667 se quejaba de que el latín que se hablaba allí estuviera lleno de incorrecciones, lo que prueba que, fuera como fuese, seguía usándose allí como lengua de comunicación. Este ejemplo lo aduce Roelli (en el libro editado por Häberlein y Flurschütz da Cruz) junto con otro de mediados del siglo XVIII referido a la Universidad de París, y añade indicios de que todavía Immanuel Kant (1724-1804) daba en latín algunas de sus clases en la Universidad de Königsberg (hoy Kaliningrado).

La evolución también tenía lugar en la enseñanza de los jesuitas, tenaces defensores del latín. En la vigésimo primera Congregación General de la Orden (1829) se determinaba que el latín debía mantenerse en las escuelas jesuitas para enseñar lógica, metafísica y teología, lo que en principio dejaba la puerta abierta a emplear la vernácula en otras materias, aunque añadían que en ellas también era preferible el latín.

El uso diplomático de la lengua latina está bien atestiguado a lo largo de toda la Edad Moderna. Por escrito, para la redacción de tratados y acuerdos, fue frecuente hasta bien entrado el siglo XVIII. Mencionaremos las *Allegationes super conquesta Insularum*

*Canariae contra Portugalenses* ("Alegaciones sobre la conquista de las islas de Canaria contra los portugueses"), un informe redactado por el obispo burgalés Alfonso de Cartagena (1385-1456) para defender el derecho de Castilla sobre todas las islas Canarias; los acuerdos de la Paz de Westfalia de 1648, publicada en 1651 como *Tractatus pacis inter Hispaniam et Unitum Belgium Monasterii* ("Tratado de paz entre España y las Provincias Unidas en Münster"), o los acuerdos para saldar los conflictos fronterizos entre China y Rusia hasta los albores del siglo XIX, que se redactaron en latín merced a la presencia de jesuitas en China.

Pero el uso del latín en contextos diplomáticos y políticos también se dio de forma oral. Consta una ocasión en que la reina Isabel I de Inglaterra (1533-1603) reprendió al embajador de Polonia con una larga intervención en latín (1597). El editor de la Biblia Germánico-Latina (1565), una biblia en alemán y latín dedicada al príncipe heredero de Sajonia, señala en el prólogo la utilidad de que los dirigentes aprendan latín para poder comunicarse sin intermediarios con autoridades extranjeras. En política interna, el latín se usaba como lengua común en la Dieta o asamblea de Hungría (cuyos integrantes hablaban húngaro, croata y eslovaco) y fue así, pese a los intentos de los emperadores austríacos de sustituirlo por el alemán, hasta 1844. También se registraron en latín durante la Edad Moderna las Actas de la Dieta imperial alemana.

Ahora bien, el uso más ampliamente documentado del latín para la comunicación interpersonal en la Edad Moderna se da en los intercambios epistolares. Existen miles y miles de cartas manuscritas en latín procedentes de esos siglos. Muchas son de carácter político y diplomático, como las del protestante francés Hubert Languet (1518-1581) dirigidas al príncipe elector de Sajonia, que se publicaron cien años después como *Arcana seculi decimi sexti* ("Secretos del siglo XVI", 1699). Pero las cartas más prototípicas son aquellas en las que emisor y destinatario son académicos, aunque en ningún modo se limitan a contenidos eruditos, sino que también tratan temas políticos y personales.

Muchas de estas cartas (tras ser convenientemente revisadas por sus autores para omitir temas sensibles) se publicaron en colecciones destinadas al gran público, como la voluminosa correspondencia de Erasmo, íntegramente latina, o la menos conocida del castellonense Manuel Martí Zaragoza (1663-1737), deán de Alicante, que se publicó tanto en Madrid como en Ámsterdam (*Epistolarum libri duodecim*, "Doce libros de cartas") todavía en vida de su autor. Otros muchos epistolarios se han editado a partir del siglo XIX, como el de Johannes Crato von Crafftheim (1519-1585), natural de Breslavia (Wrocław), médico imperial en Viena; el de Théodore de Bèze o Teodoro Beza (1519-1605), líder de la Iglesia calvinista de Ginebra, cuyas cartas (escritas en latín y en francés) ocupan 43 volúmenes en su reciente edición crítica (1960-2017), o el de Gottfried Wilhelm Leibniz (1646-1716), incluido en las obras completas del filósofo publicadas por varias academias científicas alemanas, en el cual Leibniz, en atención a sus destinatarios, alterna cartas en latín, francés y alemán. Todavía están por editarse grandes correspondencias individuales, conocidas e identificadas, como las de los mencionados Pierre-Daniel Huet y Athanasius Kircher, o también la de Anna Maria van Schurman (1607-1678), erudita, poeta y pintora estrechamente vinculada a la Universidad de Utrecht.

Sin embargo, todos estos epistolarios, con ser voluminosos, constituyen la punta del iceberg del intercambio de cartas latinas (*commercium litterarium*) de la Edad Moderna. El mero censo de estas cartas está por hacerse. Es parte de los objetivos del proyecto *Early Modern Letters On Line* (Oxford), que aspira a elaborar un censo de todas las cartas conservadas de la Edad Moderna en cualquier lengua: actualmente cuenta decenas de miles de cartas en latín. Otros proyectos recientes se han dedicado a la edición digital de determinados conjuntos epistolares, como el proyecto neerlandés *ePistolarium* (Huygens Instituut), que proporciona transcripciones de cartas del siglo XVII relativas a los Países Bajos, o el proyecto *Die sozinianischen Briefwechsel* ("los epistolarios socinianos"), financiado por la Fundación Alemana de Investigación (DFG), que registra más de dos mil cartas, la mayoría en latín y a menudo sobre política internacional.

En la literatura especializada se ha llamado República de las Letras a ese espacio virtual de socialización entre intelectuales y personas instruidas basado en las redes epistolares, que abundan en convenciones y pautas propias de comportamiento, y que solo muy excepcionalmente rebasan las fronteras de la Europa latina. Se ha señalado también que a lo largo del siglo XVIII este espacio dejó de ser la *respublica litterarum* para convertirse en la *république des lettres* (obsérvese por cierto que en ambas lenguas la expresión puede traducirse como 'república de las letras' o 'república de las cartas'): con esto se quiere decir que en el siglo de la Ilustración el latín dejaría paso al francés como lengua común de cultura. No obstante, esta representación presenta problemas, pues mientras de más amplia procedencia son las fuentes examinadas, menos claro resulta que el francés sustituya al latín en toda la extensión geográfica y variedad de contextos en que este había dominado en el Renacimiento y el Barroco. La falta de registros completos dificulta grandemente la elaboración de estadísticas y el estudio de cómo evolucionaron las opciones lingüísticas de quienes abordaban actos de comunicación internacionales. Lo que sí resulta claro es que a lo largo del siglo XVIII el latín en Europa se ve más y más acompañado en todos los ámbitos por las distintas lenguas vernáculas, y a menudo sustituido por ellas.

## El interminable ocaso del latín

En la entrada dedicada a lengua (*langue*) de la *Encyclopédie* (1765) se afirma que "la lengua latina es de una necesidad indispensable: es la de la Iglesia católica y la de todas las escuelas de la cristiandad, tanto para la filosofía y la teología como para la jurisprudencia y la medicina; es por lo demás, y por esa misma razón, la de todos los sabios de Europa, y sería de desear que su uso se hiciera todavía más general y extendido, para facilitar en mayor medida la comunicación de las luces respectivas de las diversas naciones que cultivan hoy las ciencias. Pues, ¿cuántas son las obras excelentes en todos los géneros del conocimiento de las que nos vemos privados por no entender las lenguas en que están escritas?".

El juicio resume bien la función principal que había desempeñado el latín a lo largo de la Edad Moderna; al mismo tiempo muestra la consciencia de un cambio de época, visible en el mero hecho de que el autor escriba estas palabras en francés. Cuando comenzó el siglo XIX, el latín permanecía como la lengua de la Iglesia católica (especialmente visible en el rito, pero no solo en él), donde continuó bien instalado hasta el Concilio Vaticano II (1962-1965). También permanecía como la lengua común de las universidades de toda la Europa latina (católica y protestante) y de los círculos literarios asociados a ellas; pero para entonces era común escribir literatura científica en lengua vernácula, de manera que el uso del latín para la enseñanza, justificado históricamente por estar escritas en latín las obras que se estudiaban, fue perdiendo su sentido. Además, como hemos visto, desde el propio siglo XVI existen fuertes indicios del abandono del latín como lengua oral en las universidades, a distintos ritmos según los distintos lugares.

Cuestión diferente era el latín escrito, en las tesis doctorales, por ejemplo, que en Alemania se escribieron en esa lengua a menudo durante la mayor parte del siglo XIX. En las disciplinas humanísticas, y muy en particular en filología clásica, no han sido extrañas las monografías escritas en latín incluso hasta el día de hoy, y menos aún los prólogos e introducciones en esa lengua en ediciones de textos griegos o latinos. En la colección de textos clásicos de Oxford, por ejemplo, esa norma no se incumplió hasta 1990, año en que los editores del trágico griego Sófocles escribieron su prólogo en inglés, aduciendo dos poderosas razones "para preferir la lengua internacional de los tiempos modernos" (convenientemente, la lengua nativa de los propios editores): que el inglés es tan preciso y sucinto como el latín para la descripción de los detalles de la edición y, sobre todo, que no se puede presuponer que en todos los países donde se estudia griego el lector tenga que estar igualmente familiarizado con el latín.

En cuanto a la literatura artística, después del siglo XVIII la composición literaria en latín se volvió aún más esporádica, si bien nunca desapareció del todo. En los casos en que se da, sus cultivadores suelen estar estrechamente asociados a la academia o a la Iglesia. Todavía en el contexto cultural dieciochesco, el parlamentario aragonés Nicolás María de Sierra (ca. 1750-1817), jurista y catedrático de retórica en Salamanca, escribió bajo seudónimo un poemario bilingüe, en latín y castellano (*Otia et lusus Sylvii Philomusi*, "Ocios y diversiones de Silvio Filomuso", 1816), con dísticos elegíacos y hexámetros en que se refiere a sucesos de la invasión napoleónica. Tres décadas después, la Real Academia de las Ciencias de los Países Bajos organizó el *Certamen Hoeufftianum*, un concurso anual de poesía en latín verdaderamente longevo, celebrado entre 1845 y 1978, que ha producido un archivo con centenares de poemas latinos. Sin embargo, hacia 1860, como veremos más adelante, el novelista francés Julio Verne presentaba precisamente la poesía en latín como símbolo de un mundo que desaparecía.

Desde entonces hasta hoy mismo han existido personas y asociaciones, a menudo muy relacionadas con la Iglesia católica, que han promovido la práctica oral y escrita del latín, con objetivos principalmente educativos. Con todo, su uso real como lengua de comunicación en el panorama cultural europeo es hoy infinitamente reducido, desdeñable en términos estadísticos y, desde luego, en modo alguno comparable a la productividad que alcanzó en Europa durante los casi dos milenios que hemos considerado en las páginas precedentes.

A lo largo del siglo XIX se consolidó el estudio académico del latín clásico. La importancia concedida a su estudio, que se juzgó necesario también en la educación escolar previa a la universidad, se relaciona con la percepción de la Antigüedad grecolatina como fundamento cultural de las sociedades llamadas occidentales, una percepción heredada del humanismo. En todo caso, esta concentración académica en el latín de la Antigüedad llevó con el tiempo a los estudiosos a restar importancia a las grandes cantidades de latín escritas en los periodos medieval y moderno, que además tendía a mirarse con suspicacia, como forma de expresión postiza y artificiosa, en una época en la que se consideraban las lenguas vernáculas como vehículos de la expresión auténtica de cada pueblo. Como última consecuencia llegó a perderse la conciencia de las enormes dimensiones del latín medieval y moderno en comparación con el antiguo, unas dimensiones que todavía muchos especialistas no terminan de apreciar del todo.

Por otro lado, en la creación artística y literaria, así como en el imaginario colectivo pervivió el latín como lengua ritual, es decir, como lengua que pesa más por su sonido, su forma y sus connotaciones que por su significado directo. Este carácter ritual del latín venía potenciado desde hacía siglos por su uso en la liturgia católica, y a partir de ella por su presencia en cientos de creaciones artísticas (visuales y musicales) y en miles de inscripciones en iglesias. Como apuntaremos en el siguiente capítulo, esta percepción del latín como elemento ritual puede rastrearse todavía en la literatura contemporánea.

La secular relación del poder eclesiástico y del mundo académico con el poder político explica la gran cantidad de inscripciones latinas que pueden leerse en monumentos y lugares públicos de Europa. En la Francia de Luis XIV (1638-1715), la apuesta política por el francés motivó que las inscripciones monumentales empezaran a grabarse preferentemente en esa lengua, pero no fue así en muchos otros lugares. En el Madrid de Carlos III (1716-1788) se colocaron inscripciones latinas en jardines, academias y monumentos; todavía en el Gijón de 1891 se grabaron poemas en latín al pie de la estatua de Don Pelayo que mira al puerto, o en la fachada del Palacio Federal de Suiza, en Berna, se designa el lugar como *Curia Confoederationis Helveticae* ("Asamblea de la confederación suiza"). En este último caso, el latín no solo aporta solemnidad, sino que evita el problema práctico de decantarse por una de las cuatro lenguas oficiales del país en detrimento de las otras. Este tipo de manifestaciones monumentales son probablemente el legado más visible que ha dejado el latín en el paisaje lingüístico de las ciudades y pueblos de Europa.

# CAPÍTULO 4

# Perspectivas actuales

De los siglos de vigencia del latín como lengua de cultura en Europa, así como en sus proyecciones coloniales a partir de la Edad Moderna, nos queda en la actualidad un inmenso y complejo patrimonio. Por una parte, el largo dominio latino sobre los discursos intelectuales y el rito católico se refleja todavía hoy en manifestaciones literarias y artísticas, así como en asociaciones de ideas ampliamente compartidas en la sociedad. Por otra parte, las circunstancias sociales en que se llevó a cabo la producción textual latina, propias del Antiguo Régimen, y más allá de este, propias de sociedades fuertemente patriarcales y eurocéntricas, condicionan nuestra recepción de estos textos del pasado. Al mismo tiempo, las desbordantes dimensiones del patrimonio escrito en latín están muy lejos de haberse medido y censado siquiera aproximadamente, pese a que dicha medición y censo parecen imprescindibles para acometer su evaluación y análisis crítico. Las posibilidades de investigación sobre el latín en Europa y fuera de ella están, por tanto, muy lejos de agotarse.

## Ecos en la literatura y en el imaginario colectivo

En la literatura contemporánea se puede vislumbrar cómo los empleos ocasionales de la lengua latina (cuando no son citas de autores clásicos) evocan a menudo los contextos de su uso a partir de la Edad Media. Ya en *Viaje al centro de la Tierra* (1867) del novelista francés Julio Verne (1828-1905), los protagonistas se sirven de las indicaciones cifradas de un alquimista islandés del siglo XVI que están escritas en latín, "la lengua corriente entre los espíritus cultivados" de su época, como señala el personaje del profesor Otto Lidenbrock. Más recientemente, son conocidos los numerosos pasajes en latín, a menudo desesperantes para los lectores, que inserta el italiano Umberto Eco (1932-2016) en *El nombre de la rosa* (1980), su novela policiaca ambientada en un monasterio del siglo XIV; su título mismo procede del poema *De contemptu mundi* de Bernardo de Morlas, al que nos referimos en su momento. Por su parte, las novelas y relatos de ciencia ficción del polaco Stanisław Lem (1921-2006) abundan en locuciones y frases latinas propias del discurso académico, tanto existentes como creadas *ad hoc* (incluso en algunos de sus títulos, como *Solaris* o *Summa technologiae*, "compendio de tecnología", en alusión a la *Summa theologiae* de Tomás de Aquino). En su novela *Edén* (1959), en la que un equipo de científicos explora un planeta desconocido, el médico, tras citar una frase latina, le pregunta al ingeniero si ha estudiado latín, a lo que este responde que sí, pero que lo ha olvidado. Tanto el conocimiento del latín por parte del médico como su desconocimiento por parte del ingeniero concuerdan con las distintas trayectorias de la lengua en los distintos campos científicos que hemos venido trazando.

Por aducir un último ejemplo muy ilustrativo, en la novela *Cien años de soledad* (1967) del colombiano Gabriel García Márquez (1927-2014) el personaje de José Arcadio Buendía sufre una crisis mental que lo lleva a gritar "como un endemoniado en un idioma altisonante y fluido pero completamente incomprensible" y a ladrar "en lengua extraña", por lo que lo toman por loco y termina atado al tronco de un castaño en el patio de la casa; más tarde, agradece que compartan con él un pastel "masticando un salmo ininteligible". Paralelamente, el cura, el padre Nicanor, para demostrar el poder de Dios, se pasea levitando sentado en una silla entre las casas de Macondo durante varios días. Se dice que "nadie puso en duda el origen divino de la demostración, salvo José Arcadio Buendía", quien afirmó en su jerga: *hoc est simplicisimum: homo iste statum quartum materiae invenit* ("esto es muy sencillo: ese hombre ha encontrado el cuarto estado de la materia"). En ese momento el lector comprende que "la endiablada jerga" era simplemente latín. No es casual que sea el cura el único en Macondo capaz de entenderlo e, incluso, usarlo para rebatir la opinión de Buendía, estableciéndose así entre ellos una pequeña discusión escolástica sobre la existencia de Dios. En esta escena de *Cien años de soledad* el latín, además de la lengua propia de las discusiones filosóficas, se yergue también como símbolo de lo sobrenatural, en tanto que es el idioma en que se expresa un endemoniado.

La imagen del latín como lengua vehicular de la magia y lo prodigioso tiene que ver con sus usos litúrgicos. Durante siglos la Iglesia católica lo utilizó como lengua de los ritos, aunque desde la Edad Media resultaba a menudo ininteligible para muchos fieles. No obstante, las oraciones y letanías en lengua latina, a fuerza de repetición, formaban parte de sus hábitos y costumbres, aunque no comprendieran su significado exacto. Este uso ritual de una lengua incomprensible y alejada de la cotidianeidad reforzaba el carácter sagrado y misterioso de la liturgia. Para muchos, el latín adquiría un aura mágica, y no era raro que se emplearan fragmentos de oraciones litúrgicas en contextos populares. Así, las oraciones en latín se usaban también para conjurar enfermedades o para buscar la protección frente a diferentes tipos de males, de modo que se otorgaba a esas palabras misteriosas y desconocidas un valor de encantamiento. Teniendo presente estos usos, no es de extrañar que el latín se vincule también con lo diabólico, una asociación de la que se encuentran frecuentes ejemplos en la literatura de terror sobrenatural, especialmente a partir del siglo XIX, y también en historias sobre magia, como en la saga juvenil *Harry Potter* (1997-2007) de la autora británica J. K. Rowling (1965-), donde los hechizos evocan locuciones latinas.

En este último caso se trata del llamado latín "macarrónico", es decir, palabras que no son propiamente de ninguna lengua, pero que suenan a latín y que al mismo tiempo resultan relativamente comprensibles para los hablantes de una vernácula determinada. Es un divertimento lingüístico y literario que se remonta a la Italia del siglo XV y que a menudo busca efectos cómicos y burlescos. Pero para practicarlo no es necesario interactuar conscientemente con esta tradición literaria: es un juego que puede surgir espontáneamente entre estudiantes de latín, como bien saben quienes lo han sido. Así lo muestra el caso de una muy comentada frase en latín macarrónico, *nolite te bastardes carborundorum*, que aparece en la novela *El cuento de la criada* (1985) de la canadiense Margaret Atwood (1939-). En esta obra, la protagonista, víctima de una terrible teocracia basada en el sometimiento férreo de las mujeres, descubre esas palabras grabadas en letra muy pequeña en el rincón más oscuro de la habitación a la que ha sido confinada. No entiende la frase, que a su juicio "quizás fuese latín", pero lo importante para ella es que la supone escrita por su antecesora en la habitación, en un gesto de desafío a la ley que prohibía escribir a las mujeres. Atwood contó en una entrevista que el origen de la frase se remonta a una broma entre estudiantes de cuando ella asistía a clases de latín. Así pues, con independencia de las ricas posibilidades interpretativas a las que se presta este episodio literario, el ejemplo nos vuelve a llevar al contexto académico y escolar como el espacio por excelencia de la lengua latina, junto al ámbito eclesiástico.

Todos estos valores simbólicos del latín han penetrado en lo más profundo del imaginario colectivo y se reflejan en contextos culturales de lo más diversos. El mundo actual y su paisaje lingüístico está repleto de signos latinos que, en la mayoría de los casos, están pensados no tanto para transmitir un mensaje en esta lengua, sino unas ideas asociadas con ella. Estamos rodeados de establecimientos, productos y marcas cuyos nombres tienen resonancias latinas, así como lemas en latín de distintos gremios e instituciones, como el *nihil prius fide* ("nada por delante de la palabra dada") de los notarios, el *citius altius fortius* ("más rápido, más alto, más fuerte") de los Juegos Olímpicos (pese a que estos proceden de la Antigüedad griega) o los lemas de cientos de universidades a ambos lados del Atlántico.

En las universidades, precisamente, aún quedan restos de usos del latín que ilustran su dimensión cultural y ritual. En la Universidad de Salamanca, por ejemplo, todavía se celebran en esta lengua algunas ceremonias, como la de investidura de los nuevos doctores o de los doctores *honoris causa*; en los *colleges* de Oxford y Cambridge se bendice la mesa en latín en las cenas formales, manteniendo, además, la pronunciación tradicional inglesa, muy opaca para oídos no acostumbrados y más parecida a la que usaba Milton que a la que usan hoy los profesores británicos de lenguas clásicas. Hasta tal punto el latín es un símbolo universitario que en un reciente capítulo (2021) de *Los Simpsons*, Lisa, la hija mediana de la familia, afirma en un momento de rebeldía que "lo único para lo que sirve la universidad es para que te den un papel escrito en latín, de modo que las únicas personas que realmente pueden leerlo son romanos muertos y sacerdotes católicos". En ella se resumen bien las principales asociaciones de ideas que suscita esta lengua en la sociedad contemporánea.

## Un patrimonio en ocasiones incómodo

Los "romanos muertos" que mencionaba Lisa Simpson han propiciado relecturas del pasado latino en clave supuestamente gloriosa que han explotado en el siglo XX movimientos políticos de memoria tan ominosa como el fascismo. Durante el régimen fascista de Mussolini (1922-1943) se cultivó intensamente la epigrafía en latín (la colocación de inscripciones latinas en monumentos públicos) así como la composición literaria en latín en apoyo de la ideología del régimen. Este corpus textual es objeto de estudio crítico por parte del proyecto *Fascist Latin Texts*, cuya base de datos aloja la Universidad de Oslo. Con tales producciones se buscaba intencionadamente una evocación del Imperio romano, que constituía para los fascistas italianos un ideal de grandeza digno de emulación.

La España franquista no fue ajena a estos usos ideológicos del latín. Algunas de las inscripciones latinas que conmemoran a Franco pueden verse todavía hoy, como la inscrita en el Arco de Moncloa (Madrid), que mira a la Ciudad Universitaria, donde se lee que "la mente que siempre vencerá" dedica este monumento "a las armas vencedoras". Tampoco fue extraño celebrar a Franco con versos de Virgilio (el autor clásico más usado también en la Italia fascista): la primera memoria narrativa de las actividades del Consejo Superior de Investigaciones Científicas, publicada en 1942 (disponible en el repositorio Digital. CSIC), abre con un retrato del dictador, bajo el cual se leen unos versos del primer libro de la *Eneida*, "mientras los ríos corran hacia el mar… siempre permanecerán tu honor y tu nombre y tus alabanzas". Acompaña a estos versos una fórmula dedicatoria que imita el formato epigráfico y donde se lee una versión en latín del nombre de la institución, *Supremum Consilium Scientificis Inquisitionibus*. Es notable, por cierto, que esta traducción es distinta de la que se leía en la inscripción que conmemoraba la fundación del CSIC por Franco en el frontispicio de su edificio principal (colocada en 1944 y retirada en 2010 en cumplimiento de la Ley de Memoria Histórica): *Pervest[igandis] Scientiis Supr[emum] Cons[ilium]*.

Los usos del latín por parte de movimientos de extrema derecha probablemente tienen que ver con las connotaciones del latín como lengua de élite y su asociación con pasados nacionales supuestamente gloriosos y tenidos por culturalmente superiores. Se trasluce ya algo de esto en una novela poco conocida del mencionado Julio Verne, *París en el siglo XX*, escrita en 1863 pero inédita hasta 1994. El autor imagina, en clave muy pesimista, cómo será Francia y su capital en 1960: la educación superior está en manos de una *Société générale de crédit instructionnel* ("Sociedad general de crédito de instrucción"), en manos de economistas y banqueros. Curiosamente, entre los premios que otorga esta sociedad a sus mejores estudiantes, todavía se da un premio a la composición de poesía en latín, ejercicio sujeto al hazmerreír general, que gana el joven protagonista de la novela. Sobre la ceremonia de entrega, el narrador menciona que se había eliminado el tradicional discurso en latín, pues no lo habría entendido nadie: en su lugar se dio un discurso en chino, lengua que sí entendía la audiencia. En efecto, en el 1960 de Verne suscitan mucho interés las lenguas vivas, "salvo el francés", que, como leemos en otro capítulo, había perdido el esplendor de su época clásica para llenarse de neologismos y anglicismos. En otra parte comprobamos que el poema en latín del protagonista estaba escrito en hexámetros y evocaba la toma de Sebastopol (1855) por parte del mariscal francés Pélissier durante la guerra de Crimea. Como vemos, el latín en esta novela no solo se asocia al arte en oposición al progreso tecnológico, sino también a un pasado nacional francés supuestamente glorioso y culturalmente puro. Semejante valor simbólico del latín no es ajeno a los demás estados-nación de Europa en el siglo XIX y todavía hoy no es infrecuente en los imaginarios colectivos de los distintos países europeos.

Además de ejemplos de un pasado percibido como glorioso, el Imperio romano y la Antigüedad grecolatina también ofrecen abundantes ejemplos de sociedades profundamente patriarcales y machistas, que en ocasiones se usan para legitimar comportamientos parecidos en el presente. Donna Zuckerberg ha estudiado apropiaciones en este sentido del *Ars amandi* ("Arte de amar") de Ovidio y de la antigua filosofía estoica por parte de la llamada *alt-right* o extrema derecha norteamericana.

Más allá de esas apropiaciones contemporáneas, el latín en sí se ha representado desde la propia Antigüedad como una lengua "masculina", según argumenta Joseph Farrell. Esta imagen llega hasta el mismo artículo sobre "lengua" de la *Encyclopédie* francesa que citamos en el capítulo anterior. En él se afirma que "la lengua latina es franca, con vocales puras y claras y con pocos diptongos. Si esta constitución de la lengua latina hace su carácter parecido al de los romanos, es decir, apropiado para las cosas firmes y masculinas, es por otra parte mucho menos [apropiada] que la griega, e incluso menos que la nuestra, para las cosas que solo requieren agrado y gracia ligera".

Farrell apunta a la Edad Media para encontrar un notable repertorio, en contraste con la Antigüedad, de voces femeninas en latín. Pese a todo, tanto en época medieval como durante la Edad Moderna la producción textual latina es eminente y abrumadoramente masculina, como habrá podido desprenderse de nuestro recorrido en los capítulos anteriores. Este hecho se relaciona directamente con las barreras sociales y normativas que impedían a las mujeres acceder a la universidad. Lo señaló Anna Maria van Schurman, de quien hablamos al tratar sobre la comunicación en latín, en un poema en el que elogia la fundación de la Universidad de Utrecht (1636) en dísticos que recuerdan a Ovidio. Entre las virtudes que enumera de la nueva institución, se pregunta: "Pero ¿qué preocupaciones (quizás preguntas) agitan tu pecho? Estos ritos sagrados [es decir, la enseñanza universitaria] no están abiertos a los coros de las doncellas" (*Ast quae (forte rogas) agitant tua pectora curae? / Non haec virgineis pervia sacra choris*).

La propia Van Schurman tuvo que aceptar permanecer oculta detrás de una cortina para asistir a clase en Utrecht. Ni siquiera asistió a clase, sino que estudió privadamente, la veneciana Elena Lucrezia Cornaro Piscopia (1646-1684), la primera mujer en doctorarse en filosofía (en Padua), más por empeño de su padre que suyo propio. A María Isidra de Guzmán (1767-1803), hija de grandes de España, se le permitió doctorarse en Alcalá solo después de que su padre, con el acuerdo del rey, pidiera expresamente que se hiciera una excepción con ella. Entre los repertorios y colecciones literarias en latín de la Edad Moderna podemos encontrar cientos de veces la expresión *clarorum virorum*: selecciones de cartas, elencos, imágenes, elogios... "de varones ilustres". La producción literaria latina se presuponía varonil, la República de las Letras solo muy excepcionalmente dejaba entrar a mujeres. En ocasiones, las voces latinas femeninas que sí conservamos son postizas, como la de la filósofa inglesa Anne Conway (1631-1679), cuyos *Principia philosophiae antiquissimae et recentissimae* ("Principios de la filosofía más antigua y de la más reciente") son la traducción latina hecha por un hombre de un original en inglés que se ha perdido. Dispersas entre la multitud, representan curiosidades obras como las de Laura Cereta (1469-1499), de Brescia, cuyo breve epistolario, en el que se incluyen vehementes reflexiones sobre el derecho de las mujeres a adquirir la misma formación cultural que los hombres, se publicó en 1640, o las de la toledana Luisa Sigea (ca. 1522-1560), autora de una obra poética, dialógica y epistolar muy alabada por sus contemporáneos. El famoso ejemplo de la criada de Isabel la Católica, Beatriz Galindo (1465-1535), que fue apodada "la Latina" por haber recibido una educación que incluía el conocimiento del latín, revela que la propia sociedad consideraba excepcional que una mujer supiese esa lengua. Además, la apreciación podía resultar ambigua: como señala Luis Gil, existía en la época el proverbio "ni moza adivina, ni mujer latina".

En efecto, el mote de "latino" parece propio de aquellas personas de quienes no se espera que sepan latín: podemos recordar a Juan Latino, a quien mencionamos en la sección sobre literatura del capítulo anterior. Este profesor de gramática en Granada, hijo de una esclava africana y que se designaba a sí mismo como "etíope", alcanzó en su tiempo una fama tan extendida como ambivalente: lo ponen de manifiesto los versos de Miguel de Cervantes (1547-1616) en uno de los poemas preliminares de la primera parte del *Quijote* (1605), dirigido al propio libro: "Pues al cielo no le plu[go] / que saliesies tan ladi[no] / como el negro Juan Lati[no], / hablar latines rehú[sa]". En estos versos no solo se rechaza la erudición impostada, sino que se refleja lo sorprendente que resultaba que dominase el latín alguien a quien, por su origen, en teoría, no le correspondía (pues *ladino* se dice en esta época de alguien que habla una lengua que no es la suya), con un recordatorio expreso del color de Juan Latino.

## Horizontes de investigación

El pasado europeo nos habla en muchas lenguas. De ellas, el latín ocupa un lugar especial por su longevidad y, más aún, por la extensión geográfica en la que llegó a extenderse su dominio. Como hemos mostrado, durante largos siglos fue la lengua preferente para la codificación de conocimientos y estuvo estrechamente vinculada a estructuras institucionales de poder en amplias regiones de Europa. Los cientos y cientos de miles de páginas que podrían llenarse con las palabras en latín que se han escrito en este espacio constituyen una parte de nuestra memoria común imposible de soslayar.

Irónicamente, el ingente volumen del patrimonio textual latino corre el riesgo de quedarse mudo, por estar escrito en una lengua cuyo conocimiento se daba en el pasado por supuesto entre las élites cultas pero que hoy casi nadie puede leer con facilidad. El público general tiende a pensar que los textos escritos en latín están todos ellos disponibles en traducciones a lenguas modernas. Esto es así para la mayor parte de los que se escribieron en la Antigüedad, pero no para todos los provenientes de la Edad Media, ni mucho menos para los de la Edad Moderna. Lo conservado de estos periodos, según la estimación de Leonhardt que referimos en la introducción, puede superar fácilmente en diez mil veces lo conservado de la Antigüedad. Los títulos de obras concretas que hemos enumerado en nuestro recorrido son solo una mínima parte de los que se conocen; a su vez, todos los que se conocen forman solo una parte del océano de palabras en latín que inunda las bibliotecas y archivos de Europa, en forma no solo de libros impresos, sino también de incontables documentos manuscritos, muchos de ellos todavía por catalogar.

Como con cualquier otra herencia del pasado, nuestra actitud como sociedad no debería ser cerrar los ojos ante el patrimonio textual latino, sino garantizar su preservación y su accesibilidad. Además, son necesarias herramientas para su enjuiciamiento y evaluación crítica. La investigadora Françoise

Waquet concluye su libro sobre la historia moderna del latín adhiriéndose a la opinión de que la manera de "salvar" el latín es convertirlo en una especialidad académica reservada a los profesionales. Lo cierto es que, con independencia de los beneficios que pueda aportar el aprendizaje del latín en la educación preuniversitaria, la generalización de su enseñanza no sería suficiente para afrontar los desafíos de investigación que presenta el patrimonio textual latino. Existen muy diversos formatos de escritura del latín a lo largo de los siglos, distintos soportes materiales y sobre todo distintos contextos intelectuales que condicionan la tipología y el estilo de los textos, que no resultan nunca del todo accesibles con una instrucción gramatical básica. Quienes se dedican profesionalmente al latín deben adquirir diversas especializaciones en función de sus intereses científicos.

Ante el patrimonio textual latino se presentan tres grandes tareas: registrarlo, hacerlo accesible e interpretarlo. Las tres están muy interrelacionadas y se llevan a cabo desde hace generaciones mediante las técnicas tradicionales de la filología y la historia; las tres pueden llevarse a cabo en distintos niveles, según la especialización o el tipo de público al que en cada caso se dirijan.

Para la Antigüedad, sin duda el periodo mejor registrado y más accesible (paradójicamente) de la historia del latín, existen grandes proyectos de larga trayectoria, todavía en curso. Uno de los principales es el *Thesaurus Linguae Latinae* (*ThLL*, de la Academia Bávara de las Ciencias), un diccionario monolingüe (latín-latín) consultable en línea, que incluye palabras de todos los textos latinos desde los orígenes hasta el año 600; su índice de obras y autores sirve como repertorio de toda la latinidad antigua. Además, existen otras grandes bases de datos que incluyen textos latinos completos, como el *Corpus Inscriptionum Latinarum* (*CIL*), de la Academia de las Ciencias de Berlín-Brandeburgo, que recoge las inscripciones latinas de todo el Imperio romano, o el corpus del Packard Humanities Institute (*PHI Latin Texts*), en California, que proporciona acceso a ediciones de textos latinos hasta la

Antigüedad tardía. Las bases de datos que incluyen épocas posteriores a la Antigüedad son muy diversas y se encuentran en un estado mucho más incompleto. Las principales son la *Library of Latin Texts* (*LLT*) de la editorial belga Brepols, disponible bajo suscripción, y *Corpus Corporum*, de acceso libre, que dirige Philipp Roelli en la Universidad de Zúrich. Ambas ofrecen textos latinos completos y están en continuo proceso de ampliación.

Las bibliotecas y archivos de Europa llevan décadas realizando un gran esfuerzo de digitalización de sus fondos impresos y manuscritos, que ha repercutido muy provechosamente en la investigación en los últimos años. Se pueden encontrar miles de libros digitalizados en las páginas web de distintas bibliotecas y consorcios e incluso en un buscador de acceso tan general como Google Books. Sin embargo, convertir cada una de las páginas de un libro en una imagen digital, aunque muy beneficioso, no resulta suficiente. Los avances tecnológicos contemporáneos y la irrupción de la inteligencia artificial exigen, además, que los textos estén preparados de manera que los ordenadores puedan procesarlos, esto es, que estén vertidos a caracteres de texto digital sin ningún formato. Este es el paso previo para poder tratarlos de una manera computacional y masiva, lo que permite, por ejemplo, la realización de búsquedas precisas de términos por parte de los investigadores.

Para convertir textos impresos y manuscritos en texto digital se han desarrollado softwares específicos de reconocimiento óptico de caracteres (OCR), como *Transkribus*, desarrollado en la actualidad por la cooperativa READ-Coop, formada por numerosas entidades públicas y privadas de una treintena de países, entre las que se encuentran múltiples universidades y bibliotecas. Gracias a la inteligencia artificial, este software es capaz de reconocer distintos tipos de textos históricos en distintas lenguas, incluidos manuscritos, y "traducirlos" a los caracteres que los ordenadores pueden procesar, con lo que se abren posibilidades de investigación a gran escala sobre ellos. La tecnología de *Transkribus* ya ha sido utilizada por proyectos recientes como *Noscemus (Nova Scientia: Early Modern Scientific Literature and Latin)*, de la Universidad de Innsbruck, que financió el Consejo de Investigación Europeo (ERC). Su base de datos permite búsquedas precisas de términos en un amplio corpus de literatura científica en latín de la Edad Moderna.

Con los textos procesados en el formato adecuado se abren infinitas posibilidades que pueden adaptarse a múltiples necesidades de investigación. Los avances en procesamiento del lenguaje natural (PLN) han dado lugar a recursos que permiten explorar, clasificar y analizar grandes volúmenes de texto de forma rápida y automática, aunque, naturalmente, su comprensión e interpretación siguen dependiendo del conocimiento especializado del investigador. En el caso de los textos en latín, una de las aplicaciones más sugerentes del PLN quizás sea la traducción automática, que permitiría acceder a dichos textos tanto a especialistas sin formación específica en latín (de los ámbitos de la historia, la lingüística, la filología, etc.) como al público general. Ahora bien, en general, los sistemas habituales de traducción automática hoy en día no traducen latín con la misma corrección con la que traducen lenguas modernas, en particular las de uso tan extendido como el español o el inglés. Esto se debe a varios factores: la poca rentabilidad comercial del campo, el número relativamente bajo de textos latinos digitalizados en comparación con otras lenguas, que conlleva que no se disponga de la cantidad de material necesaria para entrenar los sistemas de inteligencia artificial, y la escasez de especialistas con formación tanto en latín como en PLN.

La interpretación de los textos latinos, una vez registrados y accesibles, puede desarrollarse en múltiples direcciones. Pueden llevarse a cabo estudios lingüísticos, tanto sobre el propio latín, de todas las épocas o de épocas determinadas, como sobre la relación entre el latín y otras lenguas a lo largo de la historia, con el desarrollo de las herramientas adecuadas en cada caso. Pueden también desarrollarse estudios de tipo histórico, ya sea de historia intelectual, cultural o social, pues un registro completo permite no solo utilizar los textos en sí, sino también sus metadatos (es decir, la información sobre autores, fechas y lugares de escritura y un largo etcétera). Igualmente pueden llevarse a cabo estudios literarios, tanto sobre la literatura latina exclusivamente como, de nuevo, en comparación con literaturas en otras lenguas. Todas estas direcciones de investigación llevan explorándose desde el siglo XX y aun del XIX, pero la existencia en la actualidad de tecnologías que permiten la búsqueda inmediata en ingentes cantidades de datos multiplica las posibilidades actuales hasta límites difíciles de imaginar.

Como decíamos al principio del libro, la relación del latín con Europa es profunda y duradera. Dentro del entramado plurilingüe que siempre ha caracterizado al continente, el latín se ha distinguido por su prolongada presencia en muy extensas regiones, como lengua de prestigio y lengua estrechamente asociada a la religión cristiana, y también como lengua productiva para la transmisión y generación de conocimientos y para la comunicación internacional. Lograr que la ingente masa del patrimonio escrito en latín se transforme en una biblioteca ordenada, cuyos libros estén disponibles para una lectura e interpretación críticas e integradas en el conjunto de disciplinas científicas que conforman las humanidades, es un paso imprescindible para ganar una visión completa de la historia cultural de Europa.

# Bibliografía

ADAMS, J. N. (2004): *Bilingualism and the Latin language*, Cambridge University Press, Cambridge.

— (2007): *The regional diversification of Latin, 200 BC-AD 600*, Cambridge University Press, Cambridge.

ANDRÉS SANZ, A.; CODOÑER, C. y PANIAGUA, D. (eds.) (2025): *El humanismo latino en el* studium *de Salamanca: Nebrija y Europa*, Guillermo Escolar, Madrid.

BROWN, P. (1971): *El mundo en la Antigüedad Tardía. De Marco Aurelio a Mahoma*, traducción de A. Piñero, Taurus, Barcelona.

BURKE, P. (2006): *Lenguas y comunidades en la Europa moderna*, traducción de J. Blasco Castiñeyra, Akal, Madrid.

CANCELA CILLERUELO, A. (2025): *La Biblia en latín. Una introducción*, Guillermo Escolar, Madrid.

CANO, R. (coord.) (2004): *Historia de la lengua española*, Ariel, Barcelona.

CECCARELLI, L. (1999): *Prosodia y métrica del latín clásico, con una introducción a la métrica griega*, traducción de R. Carande, Universidad de Sevilla, Sevilla.

CECINI, U. y VERNET I PONS, E. (eds.) (2017): *Studies on the Latin Talmud*, Universitat Autònoma de Barcelona, Barcelona.

DÍEZ BORQUE, J. M. (coord.) (1980): *Historia de las literaturas hispánicas no castellanas*, Taurus, Madrid.

FARRELL, J. (2001): *Latin language and Latin culture. From ancient to modern times*, Cambridge University Press, Cambridge.

FERRERO HERNÁNDEZ, C. y TOLAN, J. V. (eds.) (2021): *The Latin Qur'an, 1143-1500. Translation, transition, interpretation*, De Gruyter, Berlín.

FONTÁN, A. y MOURE CASAS, A. (1987): *Antología del latín medieval. Introducción y textos*, Gredos, Madrid.

FORD, P.; BLOEMENDAL, J. y FANTAZZI, C. (2014): *Brill's Encyclopaedia of the Neo-Latin world*, Brill, Leiden.

GIL, J. (2020): *Scriptores Muzarabici saeculi VIII-XI*, Brepols, Turnhout.

GIL, L. (1997): *Panorama social del humanismo español (1500-1800)*, Tecnos, Madrid.

GILLY, C. (1985): *Spanien und der Basler Buchdruck bis 1600. Ein Querschnitt durch die spanische Geistesgeschichte aus der Sicht einer europäischen Buchdruckerstadt*, Helbing & Lichtenhahn, Basilea y Fráncfort.

GÓMEZ JURADO, F. y ESPINO MARTÍN, J. (2020): *Los que saben latín. Historia de un personaje literario*, Guillermo Escolar, Madrid.

GRAFTON, A. (2009): *Worlds made by words. Scholarship and community in the modern West*, Harvard University Press, Cambridge, MA.

HÄBERLEIN, M. y FLURSCHÜTZ DA CRUZ, A. (eds.) (2024): *Die Sprachen der Frühen Neuzeit: Europäische und globale Perspektiven*, Böhlau, Colonia.

HADAS, D.; MANUWALD, G. y NICHOLAS, L. (eds.) (2020): *An Anthology of European neo-Latin literature*, Bloomsbury, Londres.

HERMAN, J. (1997): *El latín vulgar*, edición española reelaborada y ampliada con la colaboración de C. Arias Abellán, Ariel, Barcelona.

HERRERA ZAPIÉN, T. (2000): *Historia del humanismo mexicano. Sus textos y contextos neolatinos en cinco siglos*, Porrúa, México D.F.

JANSON, T. (2004): *A natural history of Latin*, Oxford University Press, Oxford.

KNIGHT, S. y TILG, S. (2015): *The Oxford handbook of neo-Latin*, Oxford University Press, Oxford.

KORENJAK, M. (2016): *Geschichte der neulateinischen Literatur*, Beck, Múnich.

LAMERS, H.; REITZ-JOOSSE, B. y SANZOTTA, V. (eds.) (2020), *Studies in the Latin literature and epigraphy of Italian fascism*, Leuven University Press, Lovaina.

LÉCUREUX, B. (1975): *El latín, lengua de la Iglesia*, traducción de S. Mariner Bigorra, Fundación Universitaria Española Seminario Nebrija, Madrid.

LEONHARDT, J. (2013): *Latin. Story of a world language*, traducción de K. Kronenberg, The Belknap Press of Harvard University, Cambridge MA.

LEVITIN, D. (2022): *The kingdom of darkness. Bayle, Newton, and the emancipation of the European mind from philosophy*, Cambridge University Press, Cambridge.

MALLETTE, K. (2021): *Lives of the great languages. Arabic and Latin in the medieval Mediterranean*, University of Chicago Press, Chicago.

MANTELLO, F. A. C. y RIGG, A. G. (1996): *Medieval Latin. An introduction and bibliographical guide*, Catholic University of America Press, Washington D. C.

MEILLET, A. (1973): *Historia de la lengua latina*, traducción de F. Sanz, C. Rodríguez y A. M. Duarte, Avesta, Reus.

MOUL, V. (2017): *A guide to neo-Latin literature*, Cambridge University Press, Cambridge.

MULLEN, A. y WOUDHUYSEN, G. (eds.) (2023): *Languages and communities in the late-Roman and post-imperial western provinces*, Oxford University Press, Oxford.

OSTLER, N. (2007): *Ad infinitum. A biography of Latin and the world it created*, Harper Press, Londres.

POSNER, R. (1998): *Las lenguas romances*, traducción de S. Iglesias, Cátedra, Madrid.

REYNOLDS, L. D. y WILSON, N. G. (1995): *Copistas y filólogos. Las vías de transmisión de las literaturas griega y latina*, traducción de M. Sánchez Mariana, Gredos, Madrid.

Rico, F. (2002): *El sueño del humanismo. De Petrarca a Erasmo*, Destino, Barcelona.

Rivas Sacconi, J. M. (1993): *El latín en Colombia. Bosquejo histórico del humanismo colombiano*, Instituto Caro y Cuervo, Santafé de Bogotá.

Rodríguez Adrados, F. (2008): *Historia de las lenguas de Europa*, Gredos, Madrid.

Roelli, P. (2021): *Latin as the language of science and learning*, Walter de Gruyter, Berlín.

Rüegg, W. (ed.) (1991-2011): *A history of the university in Europe*, I-IV, Cambridge, Cambridge University Press.

Santamaría Hernández, M.ª T. (ed.) (2021): *Estudios sobre Galeno latino y sus fuentes*, Universidad de Castilla-La Mancha, Guadalajara.

Segura Munguía, S. (2012): *Gramática latina. Nueva trilogía sobre la lengua latina*, Universidad de Deusto, Bilbao.

Stroh, W. (2012): *El latín ha muerto, ¡viva el latín! Breve historia de una gran lengua*, traducción de F. Fernández, prólogo de J. Pascual Barea, Ediciones del Subsuelo, Barcelona.

Unceta Gómez, L. y Sánchez Pérez, C. (2019): *En los márgenes de Roma. La antigüedad romana en la cultura de masas contemporánea*, Los Libros de la Catarata y UAM Ediciones, Madrid.

Väänänen, V. (1975): *Introducción al latín vulgar*, traducción de M. Carrión, Gredos, Madrid.

Villar, F. (1971): *Lenguas y pueblos indoeuropeos*, Istmo, Madrid.

Von Albrecht, M. (1997): *Historia de la literatura romana. Desde Andrónico hasta Boecio*, traducción de D. Estefanía y A. Pociña, Herder, Barcelona.

Walser-Bürgler, I. (2021): *Europe and Europeanness in early modern Latin literature*, Brill, Leiden.

Waquet, F. (1998): *Le latin ou l'empire d'un signe, XVIe-XXe siècle*, Albin Michel, París.

Zuckerberg, D. (2018): *Not all dead white men. Classics and misogyny in the digital age*, Harvard University Press, Cambridge, MA.

# Títulos de la colección
## ¿Qué sabemos de?